THE ELEMENTS OF DECORATIVE STYLES

软装风格要素 下册

吴天篪（TC 吴） 著

江苏凤凰科学技术出版社

图书在版编目（CIP）数据

软装风格要素．下册 ／ 吴天篪著．-- 南京 ：江苏凤凰科学技术出版社，2016.8

ISBN 978-7-5537-6582-2

Ⅰ．①软… Ⅱ．①吴… Ⅲ．①室内装饰设计 Ⅳ．①TU238

中国版本图书馆CIP数据核字(2016)第140537号

软装风格要素（下册）

著　　者	吴天篪（TC吴）
项目策划	凤凰空间／段建姣
责任编辑	刘屹立
特约编辑	段建姣

出版发行	江苏凤凰科学技术出版社
出版社地址	南京市湖南路1号A楼，邮编：210009
出版社网址	http：//www.pspress.cn
总　经　销	天津凤凰空间文化传媒有限公司
总经销网址	http：//www.ifengspace.cn
印　　刷	北京博海升彩色印刷有限公司

开　　本	889 mm×1 194 mm　1／16
印　　张	15
字　　数	240 000
版　　次	2016年8月第1版
印　　次	2018年2月第2次印刷

标准书号	ISBN 978-7-5537-6582-2
定　　价	168.00元

图书如有印装质量问题，可随时向销售部调换（电话：022-87893668）。

出版前言
Foreword

在短短的十几年时间里，中国的家庭装饰行业经历了一个从无到有、从过去以过度硬装为主导到现在逐渐认识软装才是空间主角的快速发展历程。由于长期的信息交流不对等，以及专业师资与真实资料的匮乏，人们对于源自于欧美的装饰艺术普遍存在着诸多疑惑、偏差、歧义和曲解，造成今天因概念混淆而各自表述的混乱局面已经成为行业发展的绊脚石。“风格真相就是文化真相，风格起源就是软装起源”，这并不是一句普通的口号，而是对软装艺术本质的揭示。了解和尊重那些与经典风格息息相关的文化内涵，既是衡量一名软装设计师职业素养的标尺，也能体现出一名软装设计师的专业态度。

“追根溯源，正本清源，去伪存真，实事求是”，是我编写本书的初衷和目标。源自于欧美传统家居文化的每一款家具、每一种色彩、每一幅图案和每一件饰品都蕴含着极其丰富的文化信息，只有出现在与其相对应的空间当中才能真正体现出其存在的价值。如果把软装设计比作美食烹饪，那么由于对真相的了解有限，长期以来人们习惯于采用中国的食材和烹饪方法试图烹调出一道道法式大餐或者意大利美食，其结果必然会与真相风马牛不相及。如果把经典风格比作一根根穿线，那么所有的软装要素就是一颗颗五光十色的宝石；只有按照一定的方式穿入经典风格这根穿线，那些宝石才能形成一串串美丽的项链。了解和掌握经典风格的意义就在于使文化成为家庭装饰艺术的主轴线，从本质上理解文化内涵对于软装艺术的价值和意义。

本书以流行于欧美最具代表性的 30 种装饰风格作为研究对象，从起源、建筑、室内和软装这 4 个方面进行了广泛而深入的剖析，其中很多内容在国内均属首次出现。本书主要讲述了建筑、室内和软装最具代表性的特征与符号，其中以软装要素作为本书的重点内容。仍以烹饪来举例，设计师可以像厨师看菜谱一样来看待本书。虽然书中没有为具体设计方案提供一整套的设计方法，但是将 30 种经典装饰风格的来龙去脉和组成要素进行深入、细致地解剖与分解，其本身就为设计方案描绘了一个明确的轮廓，最终效果需要依靠设计师的个人修养与理解领悟。任何经典装饰风格都不是死板僵硬的模板公式，而是为设计提供一个方向性的指南，同时也是设计师取之不尽、用之不竭的灵感源泉。

为了确保本书内容的真实性与准确性，力求使写出来的每一句话均有据可查，编写过程中我查阅了大量的原版资料，在此要特别感谢所有的资料提供者以及这些年来所有的理解者、鼓励者和支持者。本书力求语言简练、深入浅出、图文并茂、结构清晰、通俗易懂，适合于作为高等院校相关专业的专业教材、软装设计师和相关从业人员的参考工具和工作指南，以及软装艺术爱好者的普及读物。

吴天篪（TC 吴）

2016 年 5 月

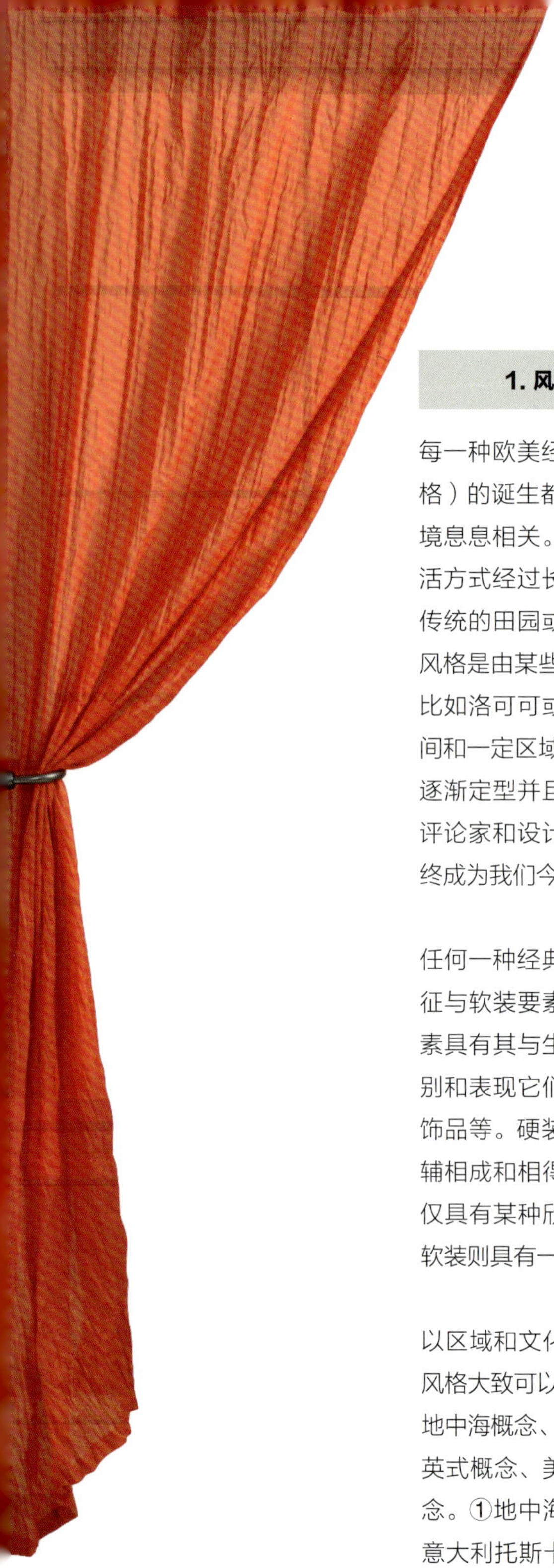

序 Preface

1. 风格的概念

每一种欧美经典装饰风格（以下简称经典风格）的诞生都与其所处的时代背景和自然环境息息相关。大多数经典风格是由特定的生活方式经过长期的积累和沉淀所造就，比如传统的田园或者乡村风格等；还有一些经典风格是由某些或者某个人物所创造或者主导，比如洛可可或者现代风格等；它们在一定时间和一定区域内受到特定人群的喜爱并流行，逐渐定型并且流传至今；它们后来成为艺术评论家和设计理论家研究和归纳的对象，最终成为我们今天称之为经典风格的装饰式样。

任何一种经典风格均由一系列特定的硬装特征与软装要素所组成，其中的一些特征与要素具有其与生俱来的标志性符号，是人们识别和表现它们的依据，比如特定的图案或者饰品等。硬装与软装从来都是如影相随、相辅相成和相得益彰的，如无软装的精美硬装仅具有某种欣赏价值，但是没有硬装的完整软装则具有一定的实用价值。

以区域和文化的差异特征来归纳，欧美经典风格大致可以划分为八大概念，它们分别是：地中海概念、田园概念、现代概念、法式概念、英式概念、美式概念、阿拉伯概念和当代概念。①地中海概念。包括希腊爱琴海风格、意大利托斯卡纳风格和西班牙殖民风格。②田园概念。包括英式田园风格、法式田园风格、美式田园风格、瑞典田园风格、南方风格、怀旧风格和新怀旧风格。③现代概念。包括维多利亚风格、装饰艺术风格、好莱坞摄政风格、现代风格、北欧简约风格、复古风格和工业风格。④法式概念。包括法国巴洛克风格、法国洛可可风格和法国新古典风格。⑤英式概念。包括英国新古典风格。⑥美式概念。包括美国联邦风格、美国西部乡村风格、美国西南风格和美国工匠风格。⑦阿拉伯概念。包括阿拉伯风格、摩洛哥风格和波希米亚风格。⑧当代概念。包括海岸风格和当代风格。

本书总共叙述了 30 种欧美最具代表性的装饰风格。这 30 种经典风格就好似 30 个人，每个人都有着与生俱来、与众不同的出身背景、成长经历、体貌长相和性格特征等，这些是其最具识别性和标志性的烙印和符号，也是职业设计师了解和掌握它们的金钥匙。

每个人之间可能由于历史、地域或者血缘等因素而存在着千丝万缕的关联，比方说我们是南方人或者来自某城市等。同样地，很多经典风格也存在着某种或深或浅、内在或外在的关联或者历史渊源，这些关联主要包括四大类别：①因果关联，比如英式田园风格与美式田园风格；②前后关联，比如法国巴洛克风格与法国洛可可风格；③近亲关联，比如法国洛可可风格与瑞典田园风格，法国新古典风格、英国新古典风格与美国联邦风格，法式田园风格、英式田园风格与新怀旧风格，西班牙殖民风格与美国西部乡村风格，西班牙殖民风格与摩洛哥风格，复古风格与北欧简约风格，现代风格与工业风格，装饰艺术风格与好莱坞摄政风格，美国西部乡村风格与美国西南风格；④远亲关联，比如维多利亚风格与法国洛可可风格、装饰艺术风格与现代极简风格、现代极简风格与北欧简约风格、怀旧风格与新怀旧风格、美国西部乡村风格与西班牙殖民风格。

所有的经典风格均有着非常明确的特征与要

素，除了运用混搭设计手法之外，那些特征与要素通常不可任意混淆。如果把软装设计比作烹饪，那么职业设计师很像是职业厨师。如果以家具代表主料，灯具和布艺就像是辅料，饰品则如同调味品，是最终烹调出美味佳肴的关键。普通人只需根据口感和喜好来评判菜肴的好坏，但是高级厨师和美食家则需要有一个敏锐的舌尖，除了口感之外，还需要分辨出菜肴所包含的全部内容甚至烹饪过程，这就是业余与专业的区别。对于职业设计师来说，练就一双能够识别真伪的火眼金睛是从业的基本功之一。

作为软装背景和陪衬的硬装，是在房屋的结构部分建造完成之后，对房屋的内部空间所进行的修饰和美化工作，主要包括针对空间所进行的不易变换的安装、铺贴、粉饰或者绘画工作。硬装的项目可繁可简，主要依据所选择经典风格的硬装特征而定。软装是在经过硬装工程完毕之后所进行的、可轻易变换的内部装饰，其构成材料主要包括四大类别——家具、灯具、布艺和饰品，每一个类别下面又包含了很多细分的单项。比如家具类包括了客厅家具、餐厅家具和卧室家具等；灯具类包含了吊灯、壁灯和台灯等；布艺类涵盖了窗帘、床品和靠枕等；饰品类包罗了花瓶、烛台、镜框、画框、托盘和陶瓷等。它们根据某种经典风格的组合方式，既要体现出房屋主人的个人品位、身心修养与生活方式，又要表现出设计师的美学涵养。

每一个家庭里，家具始终都是空间的主角，灯具和布艺则为配角。灯具既要照亮别人也要表现自己；布艺是软化家具、灯具以及整个空间的柔化剂，同时也是空间内所有软装要素的融合剂；饰品是最后实现装饰风格的基石，也是空间的魅力之源。如果没有饰品，那么无论主角和配角加在一起多么丰富多彩，仍然会显得苍白无力。一旦确定了某一经典风格的家具式样之后，所有的灯具、布艺和饰品均应该围绕家具来做整体考量和选择，经典风格在室内装饰中的角色举足轻重。

2. 风格的意义

很多人认为经典风格不过是一些过去式，其实我们正在经历的每一分每一秒都正在成为过去式；过去式在这里并非代表着过去了不再出现，也不代表过去式都是一些老古董。事实上，很多经典风格现在仍然在世界范围内广泛流行，也有不少经典风格诞生的年代离我们现在并不遥远，只是我们不太了解罢了。经典风格主要包含了从文艺复兴时期一直到现在已流行过的和正在流行的式样，本书就精选了欧美大陆最具代表性的国家或地区，以及在此地诞生的最有影响力的 30 种经典风格。

了解和学习经典风格的意义不在于复制一些所谓的“欧式”或者“美式”，而在于真正了解并区分作为每个风格根源的文化内涵。作为文化的重要表现形式之一，家庭装饰艺术最能反映出其所处时代人们的生活方式、生活品质与精神面貌等。经典风格伴随着文化的发展、进步而不断演化、前进着，它不仅是今天装饰艺术的起源，也是当代软装设计的灵感源泉，这就是我们今天需要了解经典风格的目的。

了解和学习经典风格的意义包括：①经典风格本身是赋予其生命的那个时代的文化产物，既是文化的表现形式之一，也是文化传承的重要载体，学习经典风格的精神内涵就是了解文化的精神内涵；②经典风格的起源也是装饰艺术的起源，软装艺术是整个装饰艺术当中十分重要的组成部分，学习经典风格的来龙去脉就是了解软装艺术的来龙去脉；③能够称之为经典风格的装饰式样意味着其主要特征与要素均已定型，但并非一成不变，学习经典风格的整体概念就是学习软装艺术的整体概念，所谓整体概念就是统一考虑硬装特征与软装要素。

经典风格就像是指南针，虽然它并不能够明确指出我们最终的结果，但是它却能够引导我们不会偏离大方向。一旦这个大方向确定下来之后，接下来设计师需要顺着这个方向去收集和查阅大量相关的信息资料，去感受其背后的情感和内涵，同时也希望获得创作灵感。本书的作用在于帮助设计师确定某个大方向，作为设计师思考和收集资料的参考和指南，并且为设计师更深入地学习提供一种正确的方法。

经典风格是我们取之不尽、用之不竭的灵感源泉，它能够帮助我们建立新风格，创造新式样，同时还能够使我们避免走弯路和走偏。这就好比学习书法必须首先练习并且精通篆、隶、草、楷、行五大字体一样，所有的书法大家无不是在自小刻苦临摹这五大书法字体的基础之上而有所感悟、有所创新。学习经典风格类似于书法练习中的描红与临帖，描红与临帖都只是练习的手段而不是练习的目的，是过渡到独立书写阶段之前的“拐杖”。每一个行业均有其生存与发展的基石，没有那些深藏不露的坚实基石——理论知识，就没有那些巍峨壮观的上层建筑——实现作品。经典风格正是装饰行业理论基石中的重要组成部分。

软装艺术所包含的式样基本上可以划分为两大类：经典风格与运用混搭手法而创作的折衷风格。作为一名初级设计师，他必须首先学习和了解每一种经典风格的基本特征与要素；对于中级设计师来说，则需要熟练掌握并理解每一种经典风格背后的精神内涵；而高级设计师则应该十分精通每一种经典风格，熟练运用混搭手法，最终创造出属于自己的新生命。那种认为可以不用经过初级到中级的阶段而一步登天的想法，必然会导致因为没学好走路而一跑就摔的困境，这正是很多设计师在达到一定高度之后便面临瓶颈的缘由。

三个阶段，三个步骤，不是生搬硬套设计公式，而是为了了解历史站得更高，因为看到多远的过去才能看到多远的未来；更重要的是为了活学活用、融会贯通、深刻理解并举一反三。学习经典风格的目的不在于简单地模仿、复制和重现它们，而在于继承优良的家居传统，吃透经典风格所蕴藏的丰富文化内涵，认识软装艺术的本质，以激发创作灵感为最终目的，这就是学习经典风格的根本意义。

3. 风格的应用

应用本书的方式有两种：其一，作为全面了解或者再现欧美经典风格的指南；其二，成为某经典风格下单品开发的指南。成功再现经典风格的方法无外乎两个层面：首先熟悉并掌握经典风格的文化背景，然后将其硬装特征与软装要素牢记在心，因为它们都是使你终生受益的创作素材。需要特别强调的是，对于大多数并不具备天赋的设计师来说，模仿过程就是学习过程，没有一个脚踏实地、虚心模仿的过程就不会有举一反三、融会贯通的那一天。

无论是客户还是设计师都需要首先确定装饰设计的基本格调，是现代感十足还是古典味浓厚，是严谨自律还是轻松随意，是自由浪漫还是庄严大气等。想要现代感十足的装饰式样可以考虑工业风格或者北欧简约风格；希望古典味浓厚的装饰式样可以看法国巴洛克风格或者法国新古典风格；轻松随意的装饰式样包括意大利托斯卡纳风格、美式田园风格、瑞典田园风格、西班牙殖民风格或者美国西部乡村风格；美国工匠风格几乎是严谨自律的代名词；憧憬自由浪漫的装饰式样有英式田园风格、法式田园风格、海岸风格、维多利亚风格或者法国洛可可风格等等；庄严大气的装饰式样非美国联邦风格或者英国新古典风格莫属，诸如此类。

如何做好一个家庭软装设计是一个普遍存在的问题。从经典风格的概念中我们知道很多风格之间存在着某种内在或者外在的关联，如将那些有着相近或者类似背景的风格进行重组，就可以得到一个和谐的混搭效果，但如将那些毫不相干或者前后矛盾的风格进行混搭，最后得到的很可能是杂乱无章的视觉效果，这是关于应用经典风格的基本原则。

进行软装设计的方式有很多种，就好像串珠组合方式也有很多种一样，其中最常见的设计方式一般可以划分为 3 个层级：①房屋主人根据自己的喜好将各种软装要素进行自由组合搭配——强调主人的个人品位；②设计师根据某种经典风格进行纯正的经典风格再现——表现设计师的专业水平；③设计师的设计灵感来自于某种或者某些经典风格——彰显设计师的创新能力。

如果把经典风格比作装饰的骨骼，那么软装要素则是装饰的肌肤，它们两者必须配合得天衣无缝才能呈现出完美的外表，然而它们都还只是作为实体而存在的外在事物。什么是装饰的灵魂，灵魂就是我们通过装饰的手段所要表达的主题意图。什么是主题，对于装饰艺术来说，它可能与人文历史、风土人情、自然环境，或者与某次旅行、某个故事和某张照片有关，又或者表达出主人的个性和爱好等。经典风格常常是主题灵感的来源，如何表达主题是一个更高层次的问题，因为它牵涉到设计师的修养与境界。

很多人担心学习了经典风格会束缚其创作的手脚，其实束缚创作手脚的不会是经典风格而很可能恰恰是自己，因为在任何经典风格的诞生地并非呈现出千篇一律的外观，但却保持了一致的精神内涵。在这里需要特别向所有设计师阐明一个道理，那就是——“了解文化并非复制文化而是尊重文化”，如何表达尊重则在于设计师的个人修为。艺术家与设计师的本质区别在于：艺术家一味追求个人表现，如脱缰野马一般天马行空，无拘无束，拜天地为师，与灵魂交友；而设计师则是面向大众的服务，必须首先解决实际生活问题，同时又受到五花八门的文化和个性的限制与制约，就像是在戴着脚镣跳舞。

再现经典风格绝非简单地套用公式或者复制粘贴那么简单、肤浅，最重要的是要准确选出最贴近客户个人特质的经典风格，把家当作客户的第二衣着那样真实地展现出其内心世界。他们更懂得如何从经典风格当中获取创作灵感。那些装饰特质来自于后文我们即将读到的最具代表性的 30 种经典风格。它们原本到底长着什么样子，作为一名软装设计师也许无需精通，但是至少要有一个全面而准确的了解。现在就让我们开始一段简短的欧美装饰艺术之旅吧……

CONTENT

目　录

第一章 | chapter 1

法式田园风格

French Country Style

1. 起源简介

（1）背景

公元前 58 年至公元前 51 年：罗马凯撒大帝征服法国。

公元前 4 世纪末：法国进入高卢－罗马时代。

476 年：日尔曼人中的法兰克人入侵法国。

13 世纪：法国在中世纪的黄金年代。

14—15 世纪：法国进入中世纪的衰败期。

1337—1453 年：英法百年战争。

15—16 世纪：法国进入文艺复兴时期。

17—18 世纪：路易十三和太阳王路易十四成为整个欧洲的主角。

◆ 乡间住宅

在“法式田园风格”一词出现之前，人们常常称其为“法国普罗旺斯”或者“旧法国”，其特征表现出普罗旺斯（Provence）乡村明媚的阳光、朴素的肌理、丰富的色彩和近乎简陋的家居布置，这与处于法国南部的普罗旺斯地区农民相对简单而悠闲的生活方式密不可分。这是一种混合了法国庄园精致生活与法国乡村简朴生活的休闲风格。

法式田园风格也常被称为“法国地方风格”（French Provincial），以朴实无华和天然材料的特征，散发出法国洛可可时期的艺术魅力。家具制造商认为法国地方式家具比法式田园风格家具更为正式，因为漆成白色的法国地方式家具表面通常饰以金叶。不过这种区别并没有得到法国人的认可，两种称呼的装饰风格均表现出洛可可风格朴实与自然的面貌。

普罗旺斯那些被塞尚、梵高、莫奈、毕加索、马蒂斯和夏卡尔无数次描绘过的迷人景致吸引着世界上无数向往艺术的人们前往朝拜、感悟。古罗马时期遗留下来的城堡、喷泉、拱门和廊柱成为普罗旺斯永恒的背景，衬托着普罗旺斯传统民居的赤陶瓦和石砌墙，混合着空气中弥漫的葡萄酒香，令人浮想联翩、流连忘返。

法式田园风格诞生于美丽富饶的法国南部小村庄，它完美诠释了法国古老农舍的自然气息和永恒魅力，是世界上传播最为广泛的装饰风格之一。一谈到法式田园风格，人们总是会情不自禁在眼前浮现出漫山遍野的薰衣草和明媚耀眼的阳光。法式田园风格正是这样一种可以将普罗旺斯乡村情调带入到世界任何地方的装饰风格，浑身散发出质朴、优雅、古老和友善的气质，吸引着每一位到访的客人。

法国人关于家的概念源自于洛可可时期，凭借其天生的“时尚基因”，将舒适与优雅完美地结合在了一起。他们总是具有发现普通事物背后隐藏价值的能力，无论是功能还是装饰。同样地，法国人对于混搭具有与生俱来的灵感，这一点在法式田园风格里面表现得一览无遗。

每一个法国乡村农舍几乎都会有一个石雕壁炉架，周边饰以石材或者瓷砖。公鸡和向日葵都是法式田园风格的标志性符号，它们常常出现在灯具上；法国特有的托阿尔印花布（Toile de Jouy）实际上由爱尔兰人弗朗西斯·尼克松（Francis Nixon）首先于1752年应用于英国纺织品之上，传至法国后深受法国皇室喜爱并大为推崇，因其产自于巴黎近郊的小镇Jouy-en-Josas而得名；其图案经常被印制在壁纸和瓷器之上。托阿尔印花布上重复出现的图案包括反映18—19世纪的田园景色、狩猎场景、中国艺术风格、军事胜利、花园建筑和农家生活等。

法式田园风格建立在相对简单的设计，当地自然的材料，手工编织的织品，用铁、紫铜和黄铜打造的日用品，以及天然木材和石材的基础之上。这是一种充满舒适与放松的家居环境，绝无任何拘谨和严肃的感觉，通过砖砌或者木材壁炉架、石材或者砖砌壁炉、铁艺壁炉罩与柴架、顶棚木梁、装饰线条、瓷砖或者石材地板、实木地板和灰泥粉饰墙面等材料去体现出来。当然，没有鲜花的法式田园风格不能称之为一个完美的法式田园风格。

无需遵循任何规则原理、名人名言或者流行趋势，只需听从自己内心的感受和关于协调、比例与平衡的基本概念，这正是法式田园风格的基本原则。法国田园风格更多地表达出一种生活态度、生活方式和生活艺术，是一种把多种不同元素揉合在一起来创造愉悦平衡感的设计。具体装饰手法包括粗细材质的对比和制造视觉焦点。

当然，它也是一种能力，一种把各种元素（包括硬质与软质表面，新与旧的物品）、不同文化背景、图案和色彩等统统融合为和谐整体的能力。因此，要打造一个纯正的法式田园风格并非仅仅只是依靠选择正确的色彩、家具式样和饰品等那么简单，它更需要一种态度和氛围，也需要对法国这个民族及其文化、历史做一个基本的了解。

（2）人物

◆保罗·塞尚（Paul Cezanne, 1839—1906）。法国著名画家，画风介于印象派与立体主义之间。塞尚追求形式美感的创作理念，为现代艺术流派提出了一个新方向，被现代艺术家们推崇为“现代艺术之父”。西方艺术家从塞尚开始注重表现自我，形成现代艺术的绘画潮流。其代表作品包括《圣维克多山》（*Mont Sainte Victoire*）和《玩纸牌的人》（*Les Joueurs de Cartes*）。

◆克洛德·莫奈（Claude Monet, 1840—1926）。法国印象派的创始人之一。对于绘画的最大贡献在于从自然光影变幻当中寻找表现生命力的创作灵感和动力，擅于捕捉光色与空气的美丽瞬间。代表作品包括《日出印象》（*Impression, Sunrise*）、《草地上的午餐》（*Dejeuner sur l'herbe*）、《维特尼附近的罂粟花田》（*Champ de Coquelicot Pres de Vetheuil*）和组画《睡莲》（*Mater Lilies*）。

◆皮埃尔·奥古斯特·雷诺阿（Pierre Auguste Renoir, 1841—1919）。法国著名画家，印象派的代表人物之一，以生动描绘出女性甜美而又悠闲的气质而著称。雷诺阿笔下的儿童、花卉、风景和女人总是那么悠然自得、恬静安逸。其代表作品包括《煎饼磨坊的舞会》（*Le Bal au Moulin de la Galette*）、《船上的午宴》（*Luncheon of the Boating Party*）和《阳台上》（*On the Terrace*）。

◆文森特·梵高（Vincent van Gough, 1853—1890）。荷兰著名画家，后印象派代表人物之一，也是表现主义的先驱，曾经与高更为好朋友。后移居法国并创作了一生中最重要的作品，擅长运用生动、鲜明的点彩笔触去大胆探索更自由的艺术表现力。代表作品包括《向日葵》（*Sunflowers*）、《鸢尾花》（*Irises*）和《星空》（*The Starry Night*）。

◆保罗·高更（Paul Gaugin, 1848—1903）。法国著名画家，后印象派代表人物之一，擅长于以粗犷的笔触描绘象征性的人与物。高更一生崇尚异国风情和原始艺术，在法国殖民地——大溪地创作了许多流芳百世的杰作直至去世。代表作品包括《布道后的视觉》（*Vision after the Sermon*）、《大溪地女人》（*Tahitian Women*）和《不列塔尼牧人》（*The Swineherd, Brittany*）。

◆爱德华·莱昂·科尔特斯（Edouard Leon Cortes, 1882—1969）。法国后印象派画家，因擅长描绘不同气候与夜晚下的巴黎街景而被誉为“巴黎的绘画诗人”。代表作品包括《巴黎圣母院背景前塞纳河畔的书商》（*Booksellers along the Seine with a view of Notre Dame*）、《香榭丽舍大道旁的丽都夜总会》（*Les Chanmps Elysees Lido*）、《巴黎新桥》（*Le Pont Neuf, Paris*）和《摆渡人》（*The Ferryman*）。

◆ 科尔特斯的作品

◆ 雷诺阿的作品

2、建筑特征

（1）布局

法式田园风格的居住建筑平面包括对称式和非对称式布局两种，房屋的另一个特点就是角楼（或者叫塔楼），通常为圆柱形，一般凸出房屋平面。房屋的周围设有茂盛的花园，喜欢采用石板铺成露台，其上摆放几把铁艺家具。靠近房屋外墙布置盆栽等绿植，绿植往往修剪成规整的几何形。

（2）屋顶

传统的法式田园风格房屋屋顶材料包括石板瓦和赤陶瓦。屋顶式样主要为双坡形和四坡形，偶尔可见弧形屋顶。屋脊线条随着平面的变化而变化多端，错落有致。屋檐出挑较浅，木梁和檩条均被仔细隐藏在挡风板后面。高耸的砖砌烟囱凸出屋面很多，底部往往倾斜。

（3）外墙

砖砌外墙、石砌外墙与灰泥粉刷墙面在立面上交替应用，相互对比，与壁柱、山形墙和门窗框组成丰富的视觉效果。房屋立面门窗的安排十分注意其左右平衡关系。法国人的灰泥粉刷相对比较细腻，色调也多半选择柔和的中性色彩。

（4）门窗

瘦高的窗户左右两侧安装用木板条制作的百叶窗，窗户的周围常见窗框、锻铁栏杆或者贴砖装饰线条。法式田园风格的大门以拱形镶板木门居多，其上通常镶嵌许多透明玻璃窗格；有时候镶嵌一块大玻璃单面或者双面安装充满涡卷形的铁花。豪华的大门左右有侧窗，门楣之上有楣窗。与窗户一样，门框和门扇表面多呈深褐色。大门位置往往比外墙稍后，形成一个自然的拱形门廊。门廊两侧升起壁柱支撑顶部的山形墙；大门也经常利用二层的浅阳台作为雨棚。门廊的两侧喜欢安装壁灯，专为大门照明；左右两旁经常各立一盆盛开的植物。

◆ 外门

◆ 外窗

3. 室内元素

（1）墙面

法式田园风格墙面处理经常采用地中海地区传统的仿真墙绘，目的是为了制造某种肌理效果的灰泥粉饰。墙面色彩与家具和布艺色彩保持协调，常用色彩包括白色、浅黄色、浅绿色、淡紫色、浅粉红色或者浅蓝色等。

墙面铺贴材料包括坚质条纹棉布(Ticking)、托阿尔印花布（Toile de Jouy）和壁纸。为了强化墙面色彩，墙面顶部与顶棚交接处往往镶以一条与墙面色彩对比的壁纸饰带，或者色彩丰富的壁纸饰带。

（2）地面

法式田园风格的地面铺贴材料包括天然石板、无釉赤陶砖、黏土砖和实木地板等，其中以六角形和正方形的无釉赤陶砖最为常见。黏土砖铺贴图形通常采用编篮图案和人字斜纹图案，有时候在木框之内铺贴；实木地板采用的宽木板表面尽量保持其木材的本色而不做精细加工处理。

（3）顶棚

法式田园风格的顶棚木梁一如地中海地区房屋结构的一贯特点——自然裸露，但平行木梁通常只是粗加工擦深褐色清漆处理，然后任其自然呈现。在平行木梁之间的顶棚采用传统白色灰泥粉饰。

（4）门窗

平开窗是法式田园家庭中最常见的窗户式样，此外，百叶窗也算是标准式样，通常与门一样喜欢漆成白色，或者擦褐色后清漆。

法式田园风格室内门常见1~3块镶板门，最上面那块镶板的顶部通常为拱形和平拱形（Flat Arch）。诞生于17世纪的法式门（French Door）像窗户一样通透、敞亮，因此也被称为法式窗（French Window）。最初为了增加二层窗户的面积而使其落地，最后变成走向阳台或者花园的玻璃木门，其整个门扇全部由镶嵌玻璃对称并均匀地划分，木框通常漆成白色，成为法式田园风格的标志性室内、外玻璃木门。

（5）楼梯

传统的法式田园风格楼梯无论是实木制作还是石材砌筑的，尺寸均精致小巧，形态大多轻盈、优雅。式样主要为直线形与弧

线形两种，其中以弧线形楼梯最受法国人喜爱，特别是19世纪末出现的黑色铸铁螺旋形楼梯堪称经典、经久不衰。

典型的法式田园风格楼梯栏杆包括实木和锻铁两种材质。其中实木栏杆、楼梯主体和踢板经常漆成白色，与深褐色实木扶手和踏板形成对比；锻铁栏杆则采用黑色铁条锻造而成，基本线条以涡卷形与直线组合而成，同时配上深色的木质扶手或者同样的锻铁扶手。

（6）橱柜

法式田园风格的橱柜优雅而实用，柜体和柜门表面一般漆成白色、米白色、淡蓝绿色或者其他浅中性色调，也有的擦褐色后清漆处理。吊柜顶部带有简单的檐口装饰线条，柜门包括实心门和玻璃门两种。地柜台面装饰大理石或只有清漆的厚实木板。

（7）五金

法式田园风格的纽扣形、蘑菇形把手比较普遍，其中以表面饰以鸢尾花图案雕刻的纽扣把手为代表，多半为金属材质。此外玻璃材质的花蕾形把手也十分有特色，有时候把手本身就是典型的鸢尾花符号。

◆ 把手

（8）壁炉

法式田园风格壁炉架既有简洁如石砌壁炉前横着的一根粗糙木梁，也有复杂如洛可可式大理石或者实木雕刻。实木壁炉架表面处理包括雕刻、油漆，或者天然木色，其中油漆处理通常模仿昂贵的石材肌理效果，然后进行磨损痕迹处理。

石材壁炉最能够体现出法式田园风格中乡村与自然的气质，特别是那种表面未经抛光处理的石材；理想的石材壁炉表面最好带有磨损或者坑洞等岁月的痕迹。法式田园风格的三片壁炉罩虽然也是应用锻铁打造，但是表面处理相对英式田园风格壁炉罩来说更为精致、优雅，造型上充满各种涡卷形、C形和S形，特别是鸢尾花图案。

◆ 大理石壁炉架

（9）色彩

法式田园风格的色彩主要来自于薰衣草的淡紫色、向日葵的金黄色和罂粟花的深红色与粉红色，此外还有水蓝色和森林绿色，中性色包括黑色与灰色；其整体色调淡雅、柔和，令人舒心。

法国人从未将白色视作中性色，他们认为白色是一种独立的色彩，因此法国人眼中的白色从不冷漠、耀眼或者僵硬。法国人的白色带有岁月的沧桑感，呈黯淡无光的奶白色，你能感受到其温暖与厚度。无论冷色或者暖色调，和谐是关键，法式田园风格的色彩原则便是避免激烈、刺眼的对比色冲突。

法式田园风格的乡村色彩感觉是由白色、黄色、金色和蓝色点缀以深绿色和宝石红所构成。不过法国北部地区喜用冷色调，如灰绿色、淡蓝色、乳粉色、蓝绿色和烟灰色等；法国南部地区则更偏爱暖色调，如赤褐色、蓝紫色、奶黄色和地中海蓝等。

（10）图案

法式田园风格的标志性图案包括被视作法国国花的鸢尾花（Fleur de Luce）形纹章或者百合花形图样。在织品中的花卉图案、托阿尔图案和格子图案之间寻求一种微妙的平衡关系是打造法式田园风格的要点之一。

象征着法国民族形象的高卢雄鸡（Gallic Rooster）形象应用于盐椒瓶、水罐和门挡等，被描绘或者编织在陶瓷和纺织品上，或者被制作于铁艺上，成为法式田园风格的象征性符号之一。

4. 软装要素

（1）家具

法式田园风格家具源自于18—19世纪盛行于法国波尔多、布列塔尼、诺曼底、普罗旺斯、布卢瓦、奥尔良和法国其他地区的家具，被称之为“法国地方式家具”（French Provincial Furniture），是这些家具式样的综合体。它们所散发出的独特魅力虽然没有巴黎上流社会的家具那么奢华，但也紧跟巴黎潮流，只是表现得更加简洁、实用和保守，带有法国人特有的优雅和格调。

法国地方式家具大多模仿自18世纪路易十五的洛可可式样，表现为曲线平缓、直线为主和整体矩形的特征，外表呈磨损的灰白色调，不过法式田园风格家具的表面更像是将白色或者浅色面漆磨损得差不多的效果。法式田园风格的家具种类包括碗橱、储藏柜、餐边柜、梯背椅、壁柜和大衣橱等。

酒馆家具（Bistro Furniture）是法式田园风格的一大特色，各式各样的轻便、可折叠式铁艺家具可以布置在室内外。餐厅或厨房通常应用不成套的餐桌、椅，具有一种无忧无虑和轻松自由的感觉。衣橱和其他高大家具的顶部常常用来放置下垂的盆栽植物或者插花。法式田园风格常常用细铁丝织网覆盖在餐边柜或者碗柜的柜门上。

◆ 餐椅

◆ 扶手椅

◆ 折叠椅

◆ 挡风椅

◆ 休闲椅

◆ 靠墙桌

◆ 沙发

◆ 沙发

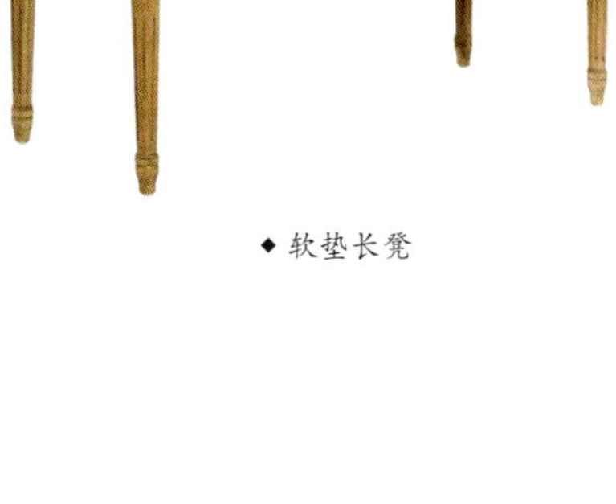

◆ 软垫长凳

◆ 贵妃椅

◆ 边几

◆ 餐桌

◆ 餐桌

◆ 餐桌

◆ 咖啡桌

◆ 抽屉柜

◆ 电视柜

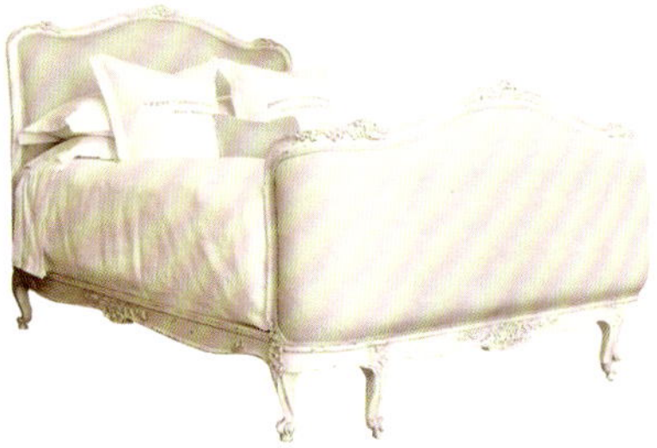

◆ 餐边柜

◆ 床具

◆ 床具

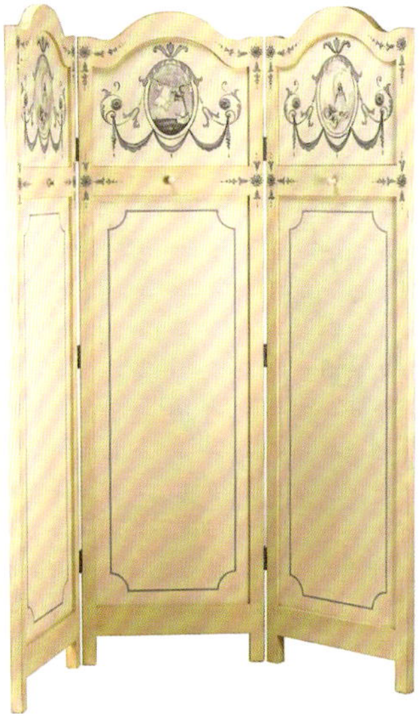

◆ 屏风

（2）灯饰

法式田园风格的灯饰总是能够将你带入 18—19 世纪的法国乡间农舍，它们主要包括锻铁打造的枝形吊灯、灯笼形吊灯、壁灯和台灯，其中枝形吊灯或者台灯常常配以小方格图案的布艺灯罩。此外，也喜欢应用木质枝形吊灯。

法式田园风格中经常会出现一些模仿宫廷内使用的精致镀金壁灯。水晶枝形吊灯和圆杆锻铁枝形吊灯是法国乡间农舍的重要灯饰种类，锻铁灯具上面经常会出现高卢雄鸡的形象。

◆ 吊灯

◆ 吊灯

◆ 吊灯

◆ 桌台灯

◆ 吊灯

◆ 桌台灯

◆ 壁灯

（3）窗饰

无论是简单的帷幔，还是长垂的印花薄麻布窗帘和沙发套，或者蕾丝窗帘，均适用于法式田园风格家居。短窗帘（窗户长度）适合于普通房间，长窗帘（长及地面）则适用于正式的房间（如客厅）。阳光透过木板条百叶窗，再透过与百叶窗相衬的蕾丝窗帘或者棉纱帘，让整个房间沐浴在一片温暖的光影之中。

窗帘面料包括托阿尔印花布（Toile de Jouy）、亚麻布（Linen）、坚质条纹棉布（Ticking）、薄棉布（Cheesecloth）、拼缝布料（Patchwork）和白布（White）。其中托阿尔印花布和拼缝布料只用于窗帘的下摆部分，并且与房内其他布艺呼应，比如同样面料出现在座套、靠枕、床罩、桌布或者布艺相框中等。

法式田园风格窗帘喜欢将两种不同的面料进行组合，比如亚麻布与托阿尔棉布、亚麻布与印花棉布或者亚麻布与厚棉布等。大多数法式田园风格家庭应用铁艺窗帘杆，但是并不局限于此，有时候将一根铜管作为窗帘杆也会很漂亮。法国人早就明白接近顶棚的窗帘设计会让房间显得更高，并且非常精于此道。

◆ 帷幔

◆ 帷幔

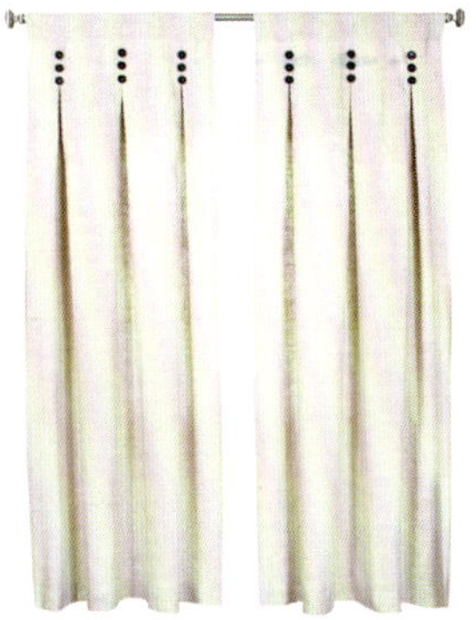

◆ 窗帘

◆ 床品

（4）床饰

法国农舍的床饰喜欢使用白底红蓝条纹和格子图案；而对于法国庄园，则偏爱使用天然或者漂白的亚麻布，再结合标志性的托阿尔印花布、印花或者淡色的厚棉布。床饰往往布置得温馨浪漫，除了在床头摆放带褶皱或者穗边的装饰性枕头之外，床裙也采用类似于裙摆的单层或多层褶皱。虽然法式田园风格少见四柱床，但是经常会安装一顶华盖在床具正上方，或者紧靠床头上方，让柔软的白布自由地垂落在床头板的两侧，尽显法国人的浪漫风情。毛毯不仅经常铺在床罩上，也经常搭在沙发的扶手上。

（5）靠枕

法国人喜欢蕾丝靠枕，与蕾丝窗帘取得协调。典型的法式田园风格靠枕通常采用托阿尔印花布，或者印有埃菲尔铁塔、巴黎圣母院、鸢尾花、水果、高卢雄鸡、棋格和条纹图案的棉布等。用布条绑在餐椅上的软坐垫也是另一种常见的靠枕，只是软坐垫面料的花色比较简单，多半为浅色或者条纹。

◆ 靠枕

（6）地毯

法式田园风格的地毯多以清新淡雅的花卉图案为主，采用棉、羊毛或者现代化纤编织，适合于软化铁、木结合家具和硬质地面。以法国高卢雄鸡为主题的雄鸡地毯（Rooster Rug）常见于房间的地板上。长椭圆形或者长方形的编结布条地毯（Braided Rug）多半采取“蓝－绿－白”色调混合而成，常用于沙发前和床前的地板上。

◆ 地毯

（7）墙饰

典型法式田园风格的墙饰包括画框、壁毯、镜框和挂钟等，表面均显露出岁月的痕迹，也增添一股地中海的气息。其中画框内容以色调淡雅的海景、风景、建筑、花卉和昆虫为主题；壁毯内容常以海景、风景、建筑、人物和花鸟为主题，不过没有意大利托斯卡纳风格应用那么普遍；镜框通常挂在卧室的床头上，而尺寸夸张的铁艺挂钟往往成为空间的视觉焦点。模仿自洛可可或者路易十六时期的镀金镜框，为法国普通民居带来一股高贵和优雅的气息。铁花虽然不是常见的法式田园风格墙饰，但是偶尔也作为点缀与壁毯和画框取得视觉平衡。

◆ 挂钟

◆ 镜框

◆ 镜框

◆ 镜框

◆ 装饰画

◆ 装饰画

◆ 装饰画

（8）桌饰

法式田园风格的桌饰没有英式田园风格那么丰富多样，但是更透出一股法国人特有的淡雅气质。常见的桌饰包括中国青花瓷、古色古香的烛台，古董器皿、陶器、金属器皿、编织篮筐和陶瓷雄鸡塑像等。

法式田园风格深受洛可可风格的影响，普通家庭装饰也会出现一些仿造宫廷使用的物品，比如曾经镀金后来重新油漆的、模仿巴洛克风格的三脚大烛台。还有一种铁皮框架、四周玻璃的蜡烛灯笼也是法国家庭常见的桌饰之一，被经常悬挂起来作为吊灯使用，营造出温馨而浪漫的气氛。

◆ 烛台

◆ 篮筐

（9）花艺

法式田园风格的浪漫情调来自于那些插在壶中的香草和鲜花（或者干燥花，特别是薰衣草和向日葵），盆栽天竺葵和印花窗帘布表现出法国人对于户外空间的热爱。法国人喜欢将紫色调的花瓣颜色作为选择花卉的标准，同时搭配金黄色的花卉组合。

与英式田园风格不同，典型的法式田园风格家庭里很少出现花团锦簇的花艺。有幸被选中用于法式田园风格的花材包括鸢尾花、百合花、迷迭香和红罂粟等。

法国人喜欢应用带嘴柄的水罐作为花器，还有与葡萄酒杯造型相仿的金属材质花器，或者是显示出岁月沧桑的陶器，以及造型别致的玻璃器皿。很多时候，法国人干脆把室外盆栽的花卉直接摆放在了室内。

◆ 花瓶

◆ 花瓶

◆ 花艺

（10）餐饰

美食对于法国人来说是非常重要的一件事，也是一天当中与家人和朋友一起度过的最快乐时光。因此，法式田园风格的餐饰要极力营造出整洁、优雅的用餐环境。其餐桌上总是摆满了鲜花、法式面包、葡萄酒、奶酪和水果等，充满了田园生活的浪漫情调，也折射出举世闻名的法国美食文化。

令人垂涎欲滴的美食少不了衬托美食和餐具的桌布。法式田园风格餐桌喜欢铺上一块洁白的蕾丝桌布、纯白棉桌布、条纹棉桌布，或者在中央铺一块白色桌巾，在长方形餐桌的左右两边各铺一块白色桌巾，又或者干脆什么也不铺。

餐饰比较丰富多彩、琳琅满目。在餐盘的上面通常放汤盘，左侧分别摆肉叉和鱼叉，右侧放牛肉餐刀和鱼餐刀（注意刀锋朝内），然后是汤勺。餐盘的上方是甜点勺和奶酪刀，最上方从左至右分别是面包盘、水杯、红葡萄酒杯和白葡萄酒杯。

法式田园风格餐具的色调和图案包括白色、纯色、公鸡图案、向日葵图案和托阿尔图案五大类，其瓷质餐具的边沿呈扇形并略卷边。传统法国人还喜欢使用金属餐具，包括不锈钢材质的刀叉，尤其是带木质、亚克力或者树脂的手柄，或者是带鸢尾花图形的金属手柄刀叉。

◆ 瓷盘

◆ 刀叉

◆ 酒杯

第二章 | chapter 2

瑞典田园风格

Swedish Country Style

1. 起源简介

（1）背景

8—11 世纪：瑞典海盗时期。

1100 年前后：瑞典形成国家。

1523 年：瑞典脱离丹麦控制的卡尔乌联盟独立。

1523—1560 年：瑞典王古斯塔夫一世（1496—1560）。

1611—1632 年：瑞典王古斯塔夫二世（1594—1632）。

1771—1792 年：瑞典王古斯塔夫三世（1746—1792）。

1809 年：兵败俄国后被迫割让芬兰，从此瑞典退出战争与冲突舞台，专心发展经济和科技。

◆ 传统民居

◆ 现代民居

地处斯堪的纳维亚半岛东部的瑞典，因受大西洋暖流的影响而比北欧其他地区更为温和、湿润，这里湖泊众多，景色秀美。在历经海盗时代、中世纪、宗教改革和波罗的海霸权的洗礼之后，瑞典王古斯塔夫二世（Gustavus II, 1594—1632）纵横四海的战绩都已随风而逝。岁月改变了曾经彪悍的海盗维京人（Vikings），他们铭记住先辈的功绩，选择了回归人性的本源，学会了与大自然和睦相处的秘诀，充分享受着上天赐予瑞典的一切。

历史上，有两大重要的装饰风格对瑞典田园风格贡献最大，也影响最为深远，其一是诞生于 18 世纪的古斯塔夫风格（Gustavian Style），其二是产生于 19—20 世纪的拉森风格（Larsson Style），瑞典田园风格主要是由这两者融合、发展并演变而来。

18 世纪的古斯塔夫风格被视作是瑞典人对当时盛行于欧洲的新古典主义装饰的重新演绎。1771 年，当瑞典王古斯塔夫三世（Gustavus III, 1746—1792）于登基之前造访路易十六统治下的凡尔赛宫的时候，正值新古典主义的第一波浪潮在法国兴起，从此瑞典与法国就有了千丝万缕的内在联系。这位未来的瑞典君主被闻名于世的法国宫廷室内装饰深深吸引并决定将其引入瑞典。

新古典主义装饰艺术被迅速引入瑞典，不过经过了去除多余装饰的简化处理，其结果是变得比前者更加简约、流畅、冷静和优雅。这种清爽、明亮的古斯塔夫风格在 18—19 世纪期间从城镇向乡村普及开来。作为法式田园风格远亲的古斯塔夫风格事实上主要源自于法国 18 世纪的庄园式样。

瑞典著名画家卡尔·拉森（Carl Larsson, 1853—1919）与其做纺织品设计工作的妻子卡琳（Karin, 1859—1928）对于瑞典田园风格的形成和普及贡献最大。拉森与妻子精心设计了他们居住的小屋，并受到当地人们的喜爱且模仿，后来被列入瑞典国家保护的私人博物馆，成为瑞典田园风格的经典范例。我们透过拉森于 1898 年出版的《家》书中的水彩画可以深深感受到传统瑞典田园风格的迷人魅力。

随着家庭成员的增加，拉森与卡琳决定运

◆古斯塔夫风格室内装饰

用他们2人的专长来改善小屋，让家变得更加实用、舒适且温暖。卡尔·拉森被公认为是使瑞典田园风格广受欢迎的功臣。其故居也是世界上最著名艺术家之家的一员。由他所创造的瑞典田园风格比较之前的古斯塔夫风格在色彩方面更为淡雅，在装饰方面更加亲民和朴实，这大概也正是瑞典田园风格引人入胜的魅力所在。

19世纪的卡尔·拉森所描绘的瑞典田园风格继承了瑞典传统的手工艺和民俗文化，21世纪的昂德巴拉·克莱拉（Underbara Clara）则运用现代设计手法诠释了传统瑞典家居文化，并且成为新时代瑞典田园风格的代言人。克莱拉的瑞典田园风格建立在"祖母是装饰英雄"的设计理念之上，把瑞典北部茂密的森林和广阔的田野融入到室内设计当中，令人回味无穷。

在漫长而黑暗的冬季里，瑞典人希望给家庭带来更多的阳光和温暖，所以壁炉必不可少，他们依靠铸铁火炉、烛台、壁灯、台灯和枝形吊灯作为家庭取暖和照明的重要手段，镜框作为反射光线的手段被广泛应用。瑞典人应用毛毯、编织品和地毯来保暖驱寒，其窗户通常没有装饰或者只是采用白色平纹细布窗帘。

瑞典田园风格毫无保留地展示出瑞典优雅、简约、混合、宏大和谦逊的独特气质。每一个家庭的主人都希望通过其房间的墙面装饰、功能性家具、天然织品和温暖的灯光等来展示其灵感的来源。虽然瑞典田园风格经历了从正式的古斯塔夫风格、温馨的卡尔·拉森风格到新时代的瑞典田园风格这样一个发展过程，但是瑞典田园风格对于传统文化的尊重从来就没有过丝毫改变，这大概就是其经久不衰并广为流传的主因。

（2）人物

◆瑞典王古斯塔夫三世（Gustavus III, 1746—1792）。瑞典历史上褒贬最多的国王。在位期间，除了推行经济改革、土地改革、废除苛刑、提倡新闻自由及实行宗教宽容政策之外，还热心于艺术和文化的发展，成立了瑞典学院（Swedish Academy）和瑞典皇家歌剧院（Royal Swedish Opera）。正式登基之前出访巴黎期间，不仅与路易十六建立了良好的政治关系，并且对当时巴黎皇家装饰艺术留下了深刻印象，回国后倡导并推出了"古斯塔夫风格"。

◆瑞典著名画家卡尔·拉森（Carl Larsson, 1853—1919）。瑞典画家和室内设计师，工艺美术运动的代表人物。1882年拉森婚后创作了大量的水彩画。1888年搬到岳父赠送的小屋，从此与妻子对小屋进行了长期的室内设计改造工程，并将其毫无保留地展现在创作的水彩画当中，画作出版后名扬天下。拉森的代表作品为《仲冬牺牲》（*Midwinter Sacrifice*）和《家》中的系列水彩画。

◆昂德巴拉·克莱拉（Underbara Clara, 1986—）。生活在21世纪的瑞典年轻人，通过博客等现代媒介与网友分享她的家居理念、装饰心得和生活态度，试图将瑞典家居传统文化与现代都市生活融为一体，成为瑞典现代家居DIY的无冕之王。

◆拉森的作品

2、建筑特征

（1）布局

现代瑞典田园房屋继承了传统瑞典田园房屋实用而朴实的特征，大量应用了新兴材料和技术。主要建筑物平面呈长方形，附加建筑物（如阳台、阳光房或者储藏室等）均附加于主体建筑物之外。由于气候原因，室外没有正式花园，仅围绕房屋种植了一点耐寒绿植。

（2）屋顶

红棕色的粘土筒瓦屋顶大多为双坡屋顶或者复折屋顶（Gambrel Roof），烟囱通常位于屋脊正中间。屋檐出挑较浅，檩条隐藏于挡风板之后。屋面偶尔出现单坡屋顶的老虎窗（Dormer），较大的老虎窗则采用双坡屋顶，大老虎窗通常是局部二层屋面与主体双坡屋面相交后自然形成。

（3）外墙

典型的瑞典田园风格房屋外墙采用木板建造，表面往往漆成红棕色，与屋顶粘土筒瓦颜色一致，与漆成白色的门窗框、屋檐挡风板和墙护角线形成鲜明对比，成为瑞典田园风格房屋外表的标志性色彩。

（4）门窗

瑞典田园风格房屋常用窗户包括平开窗与双悬窗，窗格划分尽量大。入户大门往往带有一个单坡屋顶的门廊，或者利用门廊屋顶作为二层的阳台。门廊安装玻璃窗可以作为阳光房之用，里面培育着盆栽植物。镶板木门通常油漆成白色，其上部经常镶嵌玻璃窗格。

3. 室内元素

（1）墙面

瑞典田园风格的墙面处理方法包括自然裸露、漂白或者漆成浅色。在墙面与顶棚交接处饰以白色或者淡色装饰线条。此外，刷白的榫槽镶板墙面也是瑞典田园风格墙面的一大特色。

应用手绘或者模板绘技法装饰墙面是瑞典田园风格民间装饰墙面的另一大特色，描绘的花卉图形经常为玫瑰花图案。

（2）地面

传统瑞典田园住宅地面采用比较宽阔的实木地板来自于桦木、雪松木、山毛榉木和桤木，往往经过漂白处理或者被漆成浅色。为了达到农舍的真实效果，瑞典田园风格往往将粗切后的木板直接进行刷白处理，或者采用碱液洗涤处理来去除松木中的黄色素，然后再刷乳白色油漆。

（3）顶棚

瑞典田园住宅中常见的平行木梁一般保留其天然浅原木色，而顶棚则漆成白色；或者将木梁与顶棚和墙面漆成一致的白色。

（4）门窗

瑞典田园风格宽大的窗户是为了迎接冬季有限的阳光；门、窗套通常被漆成白色，与墙面、地面和顶棚形成一个完整的白色世界。

室内门式样类似于法式田园风格的室内门，常见 2~3 块镶板，最上面那块镶板的顶部或者上冒头有时为拱形（Arched）和平拱形（Flat Arch），表面处理包括漆成白色和擦褐色清漆。

（5）楼梯

瑞典田园风格的楼梯全部采用松木制作，式样简单，朴实无华。楼梯踏板与栏杆和扶手形成一体，踢板基本漆成白色。冬季给楼梯铺上一块棉质梯毯让人感到更温暖、舒适。

栏杆通常采用松木板制作，约 5cm 的方形截面木柱间隔约 10cm，约 8cm 宽的板条间隔约 10cm，或者 30~50cm 宽的木板之间无间隔，又或者中间镂空出纺锤形的木板间隔约 10cm。扶手与栏杆材质相同，表面处理也完全相同。栏杆往往漆成白色，扶手经过清漆处理或者也漆成白色。

（6）橱柜

瑞典田园风格的橱柜朴实而实用，柜体和柜门喜欢漆成白色或者浅蓝色调。由于北欧房屋的层高较低，吊柜顶部通常接触到顶棚，故柜门包括玻璃门和实心门。地柜喜欢采用只有清漆的厚实木板作为台面。

（7）五金

瑞典田园风格把手以蘑菇形把手为代表，特别是瓷质表面彩绘花卉图案的把手；材质包括青铜、铸铁或者陶瓷。此外，铸铁的拱形、鼓形、丝带加芦苇形、绳形拉手，以及纽扣形把手也很普遍。

（8）壁炉

为了抵御北欧严酷而漫长的严寒，让壁炉散发出更多的热能，瑞典田园风格的壁炉一般比中欧和南欧的壁炉要高大许多。较大的砖砌壁炉外观像一个矩形的衣柜，其顶部以檐口状线条收口，表面粉饰白色灰泥或者铺贴白色、蓝白色花卉瓷砖，内设 5 个烟道，炉膛由两扇金属小门封闭。较小的陶瓷壁炉外观类似于一个圆柱形，其顶部有一个象征君权的冠状物，陶瓷表面通常为白色或者饰以浮雕。无论是矩形砖砌壁炉还是圆柱形陶瓷壁炉，它们大多置于房间的墙角。

（9）色彩

古斯塔夫风格以白色、淡黄色、灰色、浅蓝色和浅绿色为其标志性色彩，有时候出现浅粉红色和黄色。而瑞典田园风格增加了米白色、浅粉色，来搭配更深的金黄色、黄褐色、红色和绿色。

传统上，瑞典田园风格常常以白、灰、淡褐色的中性色彩出现，感觉像被石灰水漂过或者像水性颜料的画作，看上去有点苍白，其中淡灰色是其标志性色彩。

除了占主导地位的白色以外，蓝色的应用也非常重要。淡雅的天蓝色、来自于青金石的紫蓝色和韦奇伍德瓷器（Wedgwood）上的蓝调，都使人联想起天空和大海，适度地应用这些蓝色可以保持和强调瑞典田园空间中特有的轻盈和通透感。

（10）图案

瑞典田园风格的图案应用于其独一无二的平织织物之上，包括象征瑞典自然特色的鹿、鸟、松树、花卉、雪橇和雪花，以及几何图形、条纹和棋格等。这些图案大多来自瑞典本土的传统图案，朴实无华，亲切自然，欣赏瑞典田园风格的图案需要一份淡泊宁静的心境。

4. 软装要素

（1）家具

瑞典田园风格家具受到中欧，特别是法国、德国和英国的影响很深，同时继承了世世代代在恶劣环境中谋生存的维京人（Vikings）的文化遗产，并且结合了本地传统手工艺，造型简洁，比例适度。最具代表性的瑞典田园风格家具包括采用松木制作的瑞典洛可可餐椅（Swedish Rococo Chair），以及生产于18世纪末的瑞典穆拉镇的穆拉落地座钟（Mora Clock）。

由瑞典王古斯塔夫三世引领的、模仿法国路易十五至路易十六时期的家具式样是瑞典田园风格家具的重要组成部分。此外，由瑞典王卡尔十四世·约翰（Carl XIV Johan, 1763—1844）执政时期的瑞典版彼德麦式家具，在瑞典被称为卡尔·约翰（Carl Johan）式家具，源自于法国帝国风格（French Empire），同时又深受英国摄政风格（English Regency）的影响，经过瑞典工匠们结合本地木材而成为瑞典田园风格家具中另一个重要组成部分。

瑞典田园风格的家具式样简洁、大方，通常采用白松木、桤木、山毛榉木和桦木制作，表面漂白或者漆成浅色、白色和淡黄色，并且带有岁月磨损的痕迹。它们易于维护、清洁，大多直线条，偶尔曲线，极少雕刻。家具上常常采用如缎带、花环、心形、菱形、圆环或者椭圆形图案的镂花涂装技术。

桌椅腿比较纤细，呈锥形，有时候带凹槽，桌面通常带精细的雕刻边沿。直背木沙发常见于瑞典田园风格家庭，其座面下部为储藏箱，座面零散摆放几个靠枕作为午觉休息之用。

在传统家庭的过道、厨房或者床尾，常常布置一张饰以软垫座面的高背长靠椅，软垫面料通常为朴实的白色棉布，椅背或者扶手上搭上的羊毛毯让人倍感温暖。

◆ 餐椅

◆ 餐椅

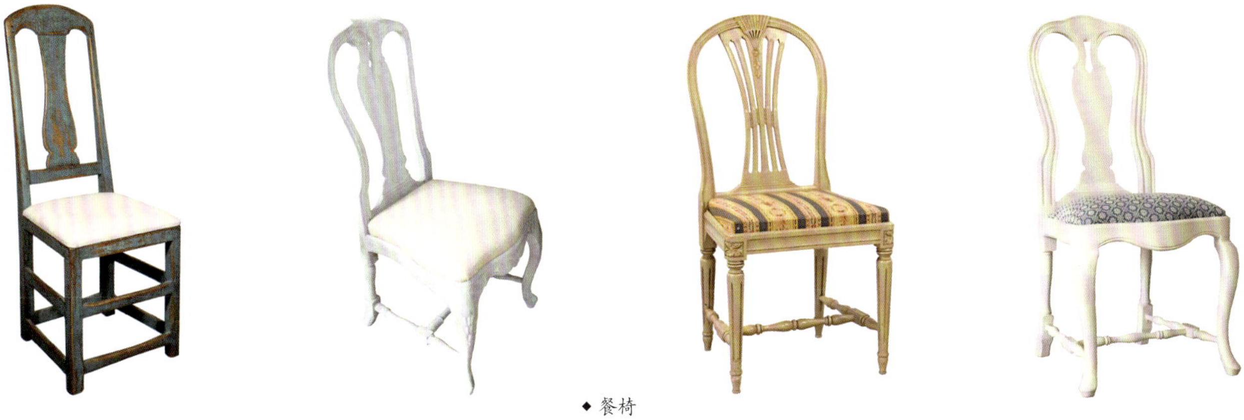

◆ 餐椅

◆ 摇椅

◆ 凳子

◆ 扶手椅

◆ 扶手椅

◆ 沙发

◆ 沙发

◆ 沙发

◆ 长凳

◆ 餐桌

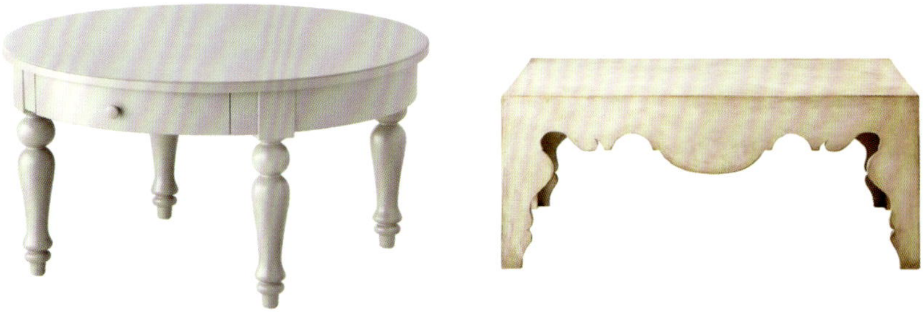

◆ 咖啡桌

◆ 靠墙桌

◆ 抽屉柜

◆ 抽屉柜

◆ 穆拉落地座钟

◆ 边几

◆ 衣柜

◆ 梳妆台

◆ 碗柜

◆ 床具

(2) 灯饰

瑞典田园风格的灯饰自古斯塔夫一世崇尚法国宫廷灯饰以来，一直以法国洛可可风格和路易十六新古典风格的灯饰为参照对象。瑞典人喜欢用锡制或者黄铜制造的壁灯和台灯，而水晶吊灯则增添了一丝古斯塔夫风格的怀旧情调。

小镜像壁灯是瑞典田园风格饰品的特色之一，是由一面椭圆形或者长方形的小镜子和与其相连接并伸出的烛台组成，镜面可以使烛光更为耀眼，并且有放大作用。

◆ 吊灯

◆ 水晶吊灯

◆ 水晶吊灯

◆ 吊灯

◆ 桌台灯

（3）窗饰

瑞典的冬季夜长昼短，阳光十分珍贵。为了让房间能够照射到更多阳光，窗饰自然会简化甚至取消。很多时候，窗饰只是窗户顶部的装饰性帷幔，而窗帘则采用白色薄纱。

瑞典田园风格的布艺常常将素色的亚麻布、平纹细布和棉布与带有棋格、条纹、方格和花卉图案的织物混合使用。瑞典人也喜欢将法式田园风格中常用的厚棉布（Ticking）作为窗帘面料，薄纱、白亚麻和平纹细布也是他们常用的面料之一。他们也常用罗马式遮阳帘遮挡过于强烈的日光，其他时间里遮阳帘可以卷缩起来让阳光洒满房间。

◆ 帷幔

◆ 窗帘

（4）床饰

带华盖的四柱床适合于寒冷的冬季，作为瑞典田园风格闺房或者主人卧室标志性的华盖，其优雅的魅力来自于床头板上方披挂在两侧的织物，一般呈王冠状或者檐口状的顶部倾泻而下。华盖也适用于客房或者书房。

瑞典田园风格的床饰以蓝白色为基调，洁净素雅。蓝白色调主要包括蓝白条纹、棋格、花纹图案，或者蓝白单色。

（5）靠枕

瑞典田园风格的靠枕通常没有饰边，简洁大方，以蓝白色调的条纹或者花卉图案为主。靠枕色彩通常与床饰的面料色彩取得呼应，是瑞典田园风格空间色彩的主要来源之一。在白色棉布上面刺绣是瑞典的传统手工艺，散发出传统文化的气息。

◆ 靠枕

（6）地毯

在寒冷的冬天，传统瑞典家庭普遍使用源自 18 世纪的手工碎布编结地毯（Rag Rug）进行保暖。现代家庭则更多应用平织棉地毯（Flat Woven Cotton Rug），其中以淡蓝色与白色的条纹地毯最为常见。

源自于土耳其、高加索一带的基里姆地毯（Kilim）平织技术在中世纪早期便传入瑞典，但瑞典基里姆地毯上的主题图案主要体现出瑞典本土的传统文化特色，大多为简单的三角形、菱形或者条纹图形，色彩淡雅，柔软舒适。

◆ 地毯

（7）墙饰

瑞典田园风格的墙饰品种不多，墙面尽量保持干净整洁。主要包括画框、挂钟、镜框和瓷盘等。画框内容以瑞典的自然风光为主题，画种以油画和水彩画为主，关键是色彩要清新淡雅。

为了反射和放大自然光，瑞典田园风格室内经常应用镜框、水晶或者玻璃制品。每个房间都有大小不同的镜框用于反射光线和扩大空间感。模仿中国青花瓷的蓝白花纹图案瓷器不仅展示在橱柜里，也经常呈竖排队形展示在墙面上。

◆ 镜框

◆ 镜框

◆ 镜框烛台

◆ 装饰画

（8）桌饰

瑞典田园风格的桌饰品种也不多，他们更注重空间的开敞和光线的明亮，简单的饰品（如瓷器、玻璃器皿、烛台）以及瑞典传统手工艺品（如雕刻并彩绘的达拉木马和耶夫勒草编山羊等）即可。他们十分偏爱玻璃器皿，特别是那些日常生活用品，包括玻璃酒瓶或者玻璃药瓶，都可以用来插花或者改造成烛台，别有一番情趣。

◆ 烛台

在冬季的寒夜，烛台在瑞典家庭中占据着极其重要的地位，因此瑞典田园风格的烛台远比其他装饰风格的烛台应用更为广泛。除此之外，瑞典人还喜欢利用鹅卵石、贝壳和干树枝来搭配装饰。

◆ 烛台

◆ 达拉木马

（9）花艺

身处北欧的瑞典要经过漫长的、不适合花卉生长的冬季，故瑞典人有在家里窗台上或者暖房里种植花卉来感受一点温暖春季的传统习惯。他们普遍喜欢用盆栽或者插入玻璃瓶的鲜花来装扮他们的家，在整体色调浅淡的背景前，鲜花是主要的色彩之一，也让房间瞬间充满生气。

常用花材包括林奈花（又称北极花）、芙蓉花、球兰、五月花、凤仙花、蓝蓟、铃兰、七瓣莲、亚麻花、三色堇、冬青树和勿忘我等；其中林奈花作为瑞典国花被经常应用。

玻璃瓶是瑞典人最喜爱的花器，故日常生活中的任何玻璃器皿都是瑞典田园风格的选择。瑞典人也喜欢把家装扮成如圣诞节那样的气氛，因此花环或草环比欧美其他地区的应用更为广泛，比如放置在餐桌旁和窗户中间等。

◆ 花艺

◆ 花瓶

◆ 花艺

（10）餐饰

由于瑞典的自然气候特征，餐饰总是散发出一股淡淡的圣诞节气氛。餐桌上通常铺上一块白色或者蓝白条纹的桌布（经常为钩针编织），然后每个座位前都有一块整洁的餐垫，棉质的餐垫饰以条纹或者棋格图案。餐桌的正中央通常摆放着一盆鲜花，鲜花的两侧各放一盏烛台。木质烛台朴素而亲切，银质烛台高贵而典雅。

桌布上摆放着精致的玻璃器皿、银器和印有浅蓝色或者花卉图案的餐具。洁白的瓷质餐具边沿经常饰以金边或者银边，表面可能描绘淡雅的花卉图案。餐盘的左边放银质叉子，右边摆汤勺和餐刀（注意刀锋朝内）。餐盘的右上角经常摆放大小不一的几只法式葡萄酒杯。

传统瑞典民间餐饰还包括实木餐具，这是一套通常采用樱桃木车削而成的木碗，包括木勺和木叉。其表面经过手搓蜜蜂油处理，适合于盛装色拉、点心或者水果。

◆ 酒杯

◆ 瓷盘

第三章 | chapter 3

美国南方风格

Southern Style

1、起源简介

（1）背景

◆ 南方庄园

著名的南方种植园诞生于美国独立战争（1775—1783 年）之后至南北战争（1861—1865 年）之前这段悠闲、平静的时期，园主们在富丽堂皇的豪宅中享受着悠闲时光，其豪宅的外观式样受新古典主义思想和美学的影响，同时不断融入各个时期的流行元素，最后呈现出今天留存下来南方风格的多重面貌。

事实上，南方包含了不同的地区，如讲法语和西班牙语的德克萨斯州、沿海州（如乔治亚州、南 / 北卡罗来纳州、路易斯安那州、密西西比州和佛罗里达州）。最早的南方人从弗吉尼亚州开始往卡罗来纳州迁徙，粗暴地赶走印第安原住民之后，在密西西比州和阿拉巴马州的土地上种植棉花。那些农场主通过积累财富成为富裕的种植园主，直至南北战争爆发才中断了他们的致富之路。

南方种植园的生活自然与种植有关，从一开始，该地区的经济就依赖于作物的种植和销售。南方作物包括 18 世纪的烟草、大米和 19 世纪的棉花，这些作物的需求造成种植园主需要使用大量奴隶，奴隶成为种植园生活的显著特征。奴隶制供养着园主在豪华的庄园里过着如英国贵族般精致而奢侈的生活。有些庄园主的领地广阔，整天沉迷于酒宴和狩猎，或者是充满美食和华裳的旅行，电影《乱世佳人》正是一幅再现南方种植园生活的真实画面。

南方种植园的建筑式样主要有三种，它们分别是：①联邦风格（Federal Style），

◆ 南方庄园

也被称作亚当风格（Adam Style），盛行于 1780—1830 年间，外观特征包括对称排列的窗户、低坡屋顶、栏杆和主入口的上方有半圆形的气窗；②希腊复兴风格（Greek Revival Style），是最常见的南方种植园建筑式样，盛行于 1800—1855 年间，外观特征包括对称和整齐的立面、方形或者圆形的排列柱式、狭长的矩形窗；③潮水风格（Tidewater Style），主要散布在南部的沿海地带，适应于当地炎热而潮湿的气候条件，外观特征包括环绕式前廊或者游廊、朴实的希腊式立面、新古典主义柱式、完全对称的立面。

传统的南方风格很难界定，因为传统本身就是南方的一个重要概念，但它也是在不断变化的过程当中；传统物品视其所在地区和时期的不同而有所不同。南方种植园的装饰和主题源自于美国南北战争时期，今天的南方风格则融入了更多的现代气息，与传统物品融为一体。永恒的感受是南方风格的标签，新加入的物品与旧物品友好相处，因此永不过时。

崇尚传统的南方风格并非意味着容不得时髦物品，反而可增添一点微妙的时代印记，例如当季流行色就可以出现在枕套面料或者沙发、椅子的靠垫之上。舒适性是打造一个南方风格空间的关键因素。这与南方传统上注重社交和娱乐有关。同时它也应该感觉到温暖、亲切，所以其家具必须舒适和实用。南方风格的家具安排以易于社交和放松为主要目的，这与南方风格追求友好的家庭气氛有着密切的联系，而且能够吸引到不同年龄段的人。

南方风格有着鲜明的建筑元素和装饰特征，典型的通风前廊是为了增加散热功能；遮阳雨篷是为了应对南方的艳阳和雨季。其装饰材料包括亚麻和棉织品，标志性的饰品为高大的玻璃器皿，还有吊扇等。南方热带植物包括各种橡树、玉兰树、铁兰树、利兰柏和紫藤等。

南方风格无论是审美情趣还是生活方式，都趋向于传统，哪怕是非常现代的室内空间里也少不了一些家传的古董。除此之外，南方风格的魅力主要来自于其宜居和舒适的环境，以及温暖而亲切的情感表现。

南方风格欣赏并展示着富有特色的建筑元素，因为它们能够唤起人们对历史和家庭的感受。任何一个以南方风格装饰的家庭，其设计灵感均来自于南方的传统美德和文化遗产，设计原则包括创造一个温馨的居住环境。

要获得一些南方风格的创作灵感，设计师需要了解更多关于南方的历史、文化和生活等方方面面的信息。南方风格并不意味着从头到尾必须完全匹配、严格挑剔和一本正经。事实上，混合新旧家具会使南方风格更具有时代气息，比如用现代布料的靠枕来搭配旧沙发，或者重新油漆一件旧梳妆台或者桌椅，如此使其生命不断延续。

（2）人物

◆托马斯·科尔（Thomas Cole, 1801—1848）。美国著名风景画家，哈德逊河画派的创始人之一。在科尔的笔下，北美洲殖民早期荒蛮的自然风光恍若时空穿越，充满梦幻般的壮观与美丽。其代表作品包括《牛轭湖》（*The Oxbow*）、《湖上风光》（*View on Lake Winnipiseogee*）和《树林中的家》（*Home in the Woods*）。

◆阿尔伯特·比尔斯塔特（Albert Bierstadt, 1830—1902）。美国著名风景画家。为了从大自然中获取创作灵感，其足迹遍布北美洲各地。作品特征细腻而浪漫，呈现出实地旅行的真实感。代表作品包括《落基山脉，兰德峰》（*The Rocky Mountains, Lander's Peak*）、《内华达山脉》（*Sierra Nevada*）和《优山美地的门》（*Gates of the Yosemite*）。

◆乔治·英尼斯（George Inness, 1825—1894）。19 世纪美国著名风景画家。他的作品不只是风景的再现，而是一种情感的召唤，强调自然与内心的交流，能激发人与自然水乳交融的动机。代表作品包括《拉克万纳山谷》（*The Lackawanna Valley*）、《早升的月光，佛罗里达》（*Early Moonrise, Florida*）、《在阿迪朗达克》（*In the Adirondacks*）和《日落》（*Sunset*）。

◆ 比尔斯塔特的作品

◆ 科尔的作品

2、建筑特征

（1）布局

南方风格的房屋基本呈方形或者矩形的对称布局，周围通常是茂密的原生树林。早期典型的南方房屋大多沿河而建，平面呈简单的长方形。按照建造时期大体可划分为南北战争前种植园（Antebellum Plantation）、南北战争后种植园（Postbellum Plantation or Sharecropper Plantation）和二战结束后的新种植园（Neo-Plantation）。

（2）屋顶

典型南方风格房屋的四坡屋顶坡度比较平缓，屋面通常采用红瓦或者灰瓦铺盖，屋檐伸出檐口较浅。朝南对称的正立面屋面往往设置 3 个老虎窗，侧屋面也可能有 1~2 个老虎窗；同样对称的 2 个砖砌烟囱耸立在屋脊线相交处。也有些房屋只有三坡屋顶，朝北的立面只有耸起的山形墙，两侧的坡屋面则到此停止，因为朝南的主立面才是设计的重点。

（3）外墙

南方风格房屋的外墙最显著的特点就是宽阔到可以闲坐或者睡觉的门廊，包括侧门廊和环绕式门廊。为了防止夏季蚊虫的骚扰，门廊经常用纱网封闭起来，里面布置桌椅或者秋千。立面的新古典风格排列柱式是南方风格房屋的重要标志。

（4）门窗

入户大门通常置于正中间，二层外门基本为法式门。宽大的窗户有利于通风散热，大部分窗户均与门廊或者阳台连接，并且油漆成白色，阳台栏杆多采用锻铁栏杆。为了利于通风又遮阳，高大的窗户两侧常常安装油漆成绿色的百叶窗装饰。

3、室内元素

（1）墙面

南方风格的墙面经常漆成浅天蓝色、白色或者浅中性色调，大多饰以传统的装饰线条和镶嵌木板，其中以平头接缝的柏木镶板墙面较为典型。墙裙和装饰线条的搭配在传统、富裕的南方房屋中十分常见，常见于客厅、餐厅和门厅。除此之外，墙面还常饰以壁纸，壁纸图案包括菱形、格子、菠萝和棕榈树图案。

（2）地面

南方风格的地面基本采用实木地板，并且擦棕色后清漆处理。实木地板大多为黄松木地板。几乎所有的南方家庭都有一个壮观的门厅，地面多采用黑白相间的 45 度斜铺地砖。

（3）顶棚

传统南方风格的顶棚比较高耸，通常将之油漆，包括门廊的顶棚也如此处理。常见的顶棚油漆色彩为浅天蓝色或者浅粉蓝色。顶棚常见“井”字木梁，并且在木梁与墙壁交接处出现梁托支撑。

（4）门窗

南方种植园的门窗通常比较高大、宽敞，特别是在镶满玻璃的法式门上方还有玻璃气窗，让自然光洒满整个房间。大部分南方门窗均油漆成白色。传统南方种植园的窗户多半采用三重悬窗。

（5）楼梯

南方风格房屋通常有两层，通往二楼的楼梯大多采用实木建造。南方种植园主特别喜欢弧形木质楼梯，包括木质车削栏杆与扶手，也有些楼梯采用铁艺栏杆配木质扶手。除了踏板和扶手表面进行擦棕褐色后清漆处理之外，典型南方楼梯的其余部分均粉刷白色油漆，包括栏杆、踢板、楼梯主体和护墙板。

（6）橱柜

由于实用美观，南方风格的橱柜在今天仍然广受欢迎。典型的南方橱柜表面油漆成浅灰绿色或者米黄色，并且带有明显磨损痕迹的效果最好。吊柜与顶棚之间无间隙，因此常见二层吊柜，多采用木质实心门。地柜台面常用大理石，大理石颜色与柜体颜色往往形成对比。

（7）五金

南方风格的五金呈现出种类繁多、材质和造型各异的特征，根据家具款式的不同而有所不同。材质包括黄铜、青铜、铁和镀铬等，其中以黄铜材质的五金件为代表。

（8）壁炉

南方风格的壁炉大多采用实木制作，表面常做白色油漆处理，与门套、踢脚线和顶角线的表面处理方式一样。壁炉架式样受新古典主义影响，炉膛上方模仿建筑檐口造型，两侧常见小型罗马柱或者壁柱支撑；也有些简单的壁炉架只是两个固定在壁炉墙体上的梁托支撑的一块搁板。类似于维多利亚孔雀开屏造型的黄铜壁炉罩也常见于南方风格家庭中。

◆ 大理石壁炉架

（9）色彩

南方风格喜欢淡雅的色彩，包括白色、米白色、粉彩和天蓝色，因为它们都能够强化房间的开放性和自然采光，同时尽量避免那些吸收热量的深色调。粉红色与绿色也是南方风格的常见色彩。那些自然而轻松的色彩来自于蓝天和绿树，它们与色彩丰富的灯罩、花瓶和靠枕形成互补关系。鲜艳的色彩主要出现于纺织品（如丝绸）之上。

（10）图案

南方风格的标志性图案包括菠萝和棕榈树。菠萝是传统好客的象征，表示对来客的热情欢迎，常见于门环和栅栏之上。棕榈树图案则常见于纺织品和壁纸之上。

4. 软装要素

（1）家具

传统的南方家具经典而永恒，那些历经数十年岁月的家具似乎与种植园同时诞生。古典、中性色调的实木家具是营造一个经典南方风格的基础。传统的南方种植园自然离不开几件古老或者复制的老式衣橱、瓷器柜、碗柜、馅饼柜（门上固定穿孔金属板用于保存食物）和土豆箱等。

典型的南方家具包括摇椅、藤编椅、金属摇摆椅、用于门廊的木质秋千、四柱高床（需要踏步爬上床垫）、椅子、边桌和铁艺甚至黄铜床具等。很多家具都是为了交谈而设置，比如矮椅、扶手椅和挡风椅，它们大多采用布料软垫包裹。南方家具中常见装饰性雕刻的桃花心木家具，其五金均采用黄铜制作。

典型的南方家具还包括流行于 19 世纪 80 年代手工雕刻的伊斯特莱克或者叫东湖风格（Eastlake）的家具，以及流行于 19 世纪 20—50 年代、外观略显笨重并用桃花心木贴面的帝国风格（Empire）家具。此外，还包括谢拉顿式（Sheraton）餐边柜和英式胡桃木抽屉柜。当时，维多利亚风格的家具也大量充斥着南方市场，它们包括了沙发、椅子和桌子等。

特别是在 1845—1865 年期间掀起一股洛可可复兴式（Rococo Revival）家具，深受南方种植园主们的喜爱，其家具木质暴露的部分充满复杂的植物造型雕刻。使洛可可复兴式家具成名的人物是家具制造商约翰 · 亨利 · 贝尔特（John Henry Belter，1804—1863），洛可可复兴式家具因此也被称为“贝尔特式家具”。

南方种植园的餐厅里往往有一张大实木餐桌，围绕数把餐椅，旁边多半立着一个展示主人祖传银器和瓷器的餐边柜。客厅里主要使用柔软、舒适的布艺沙发。卧室里常见手工雕刻的桃花心木四柱床和梳妆台、简单的铁艺床和复杂的华盖等。

◆ 餐椅

◆ 餐椅

◆ 餐椅

◆ 挡风椅

◆ 角椅

◆ 摇椅

◆ 扶手椅

◆ 扶手椅

◆ 沙发

◆ 沙发

◆ 沙发

◆ 搁脚凳

◆ 边桌

◆ 边桌

◆ 餐桌

◆ 餐边柜

◆ 储藏箱

◆ 床头柜

◆ 折叠餐桌

◆ 抽屉柜

◆ 展示柜

◆ 梳妆台

◆ 床具

（2）灯饰

南方风格的灯具包括水晶吊灯和黄铜吊灯，其中以黄铜吊灯最为典型。此外，更引人注目的灯具则是那些采用丝绸面料加流苏边饰或者彩绘玻璃制作的台灯灯罩，还有采用雪花大理石雕菠萝形的台灯基座。除了灯具之外，南方家庭还在每个房间包括门廊的顶棚应用吊扇。

◆ 吊扇灯

◆ 黄铜吊灯

◆ 水晶吊灯

◆ 桌台灯

◆ 窗帘

（3）窗饰

南方风格的窗帘式样通常比较华丽。对于室内装饰来说，窗饰的目的主要在于柔化墙角，而非掩饰窗户和门扇。窗帘面料主要采用轻薄的棉、麻织品，让人感到自然亲切又通风透气，同时也不影响自然采光和穿堂微风。

（4）床饰

南方风格的重要标志之一就是在其白色床品上刺绣交织字母。这种交织字母是家族延续的象征，显示出正式和庄重，同时也表现出南方尊重个性的传统。南方风格的纺织品上常见菠萝、棕榈树和大花卉的图案。

为了适应炎热而潮湿的气候，南方风格的床品大多采用轻薄、透气的天然棉布和亚麻织品来制作床幔和枕套。他们喜欢将棉质印花布、条纹和格子面料叠加组合，单色的床单往往饰以流苏或者修边。面料以淡雅与自然的基本色调为主。

竹节亚麻（纱线忽粗忽细如竹节般叠出）、箱形褶或者卷边（结穗花饰）的手工缝制被子也经常铺盖在床上或者悬挂在墙上。南方风格的床饰须与床具式样统一，例如简单的花卉图案床品与铁艺或者黄铜床具搭配，或者白色的床品与桃花心木床具搭配。

（5）靠枕

南方风格靠枕的应用并不是很多，仅在重要的主沙发上点缀 1~3 个。这些呈正方形的靠枕往往色泽华丽，图案精美，通常饰以流苏或者穗边等。靠枕套常用五颜六色图案的危地马拉（Guatemalan）织锦和巴基斯坦（Pakistani）织毯来制作。

◆ 靠枕

（6）地毯

和维多利亚风格一样，南方风格的地面喜欢铺上大块的东方地毯，包括阿富汗地毯和巴基斯坦地毯。此外，采用蔬菜汁染色的传统手编地毯和采用碎布条编织的布条地毯也常见于南方家庭当中。

◆ 地毯

（7）墙饰

南方风格强调家庭与传统的价值，墙饰主要围绕这一主题展开。典型的南方风格墙饰包括油画、照片和大块的镜框；油画内容包括家庭人物肖像画、当地野生动植物、花卉静物和海岸风光等；照片包括体现家庭传承的全家福或者任何与家人有关的黑白照片。

南方风格的墙饰不会太拥挤，其特征表现在少数具吸引力的大幅油画，而非很多小幅油画。画框和镜框均采用刷金漆或者金属镀金处理。

◆ 镜框

◆ 装饰画

（8）桌饰

典型的南方风格桌饰表现出属于那个时代的各种小饰品，包括银器、玻璃器皿、瓷器、铅锡合金器皿、木质相框、手工编织篮筐、乳白玻璃和卡尼伐彩虹玻璃（Carnival Glass）器皿等。书籍是南方风格最好的桌饰，它们无处不在，特别是在客厅里面。南方风格的桌饰虽然丰富，但要注意避免过于堆砌，从而造成对南方风格细腻情感的破坏。每件饰品之间应该通过色彩、类型、形状或者用途来取得某种内在的关联。

◆ 烛台

◆ 座钟

（9）花艺

南方风格的室内装饰离不开五彩缤纷的鲜花摆放，常见的花材包括茉莉花、山茶花、木兰花、栀子花、山茱萸、绣球花、紫薇、杜鹃花、金针花、叶兰、铁兰、美人蕉和紫茉莉等。南方风格常用的花器包括古典的白色陶罐、白彩陶瓶，以及任何白色或者蓝色的容器。经常会在种植园的餐厅里见到盛满水果的篮筐与陶瓷花瓶搭配组合。

◆ 花艺

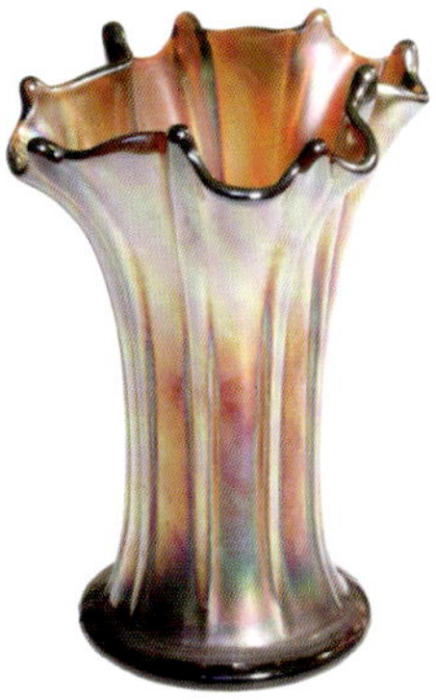

◆ 花瓶

（10）餐饰

◆ 酒杯

◆ 瓷盘

南方种植园的餐厅总是像准备盛大的晚宴一般，因此餐饰显得格外精致而讲究。除了餐桌中央必不可少的数盆鲜花作为中心饰物以外，餐桌上也布满了琳琅满目的餐具。在铺上百代丽蕾丝花边（Battenburg Lace）或者精致的伊丝瑞尔蕾丝（Ethereal Lace）桌布的餐桌上，显示南方风格特色的餐具包括银质刀叉、银质酒杯、装果冻的玻璃水杯、蓝绿色玻璃杯，以及各种祖传银器和瓷器。南方风格的餐饰也用浅蓝色或者浅黄色的桌布，但是餐巾并不多见。本身华丽的餐桌往往不需要铺上桌布，只在每个餐位的餐具下面铺上一块白色的餐垫。精美的瓷质餐盘往往饰以金边，餐盘本身则以白色为主。南方餐饰多半选用银质刀叉和水晶酒杯。通常在餐盘的左侧摆生菜叉和主菜叉，右侧放餐刀和汤勺（注意刀锋朝内）。餐盘的右上方从大到小依次摆放红、白葡萄酒杯和水杯，左上方则是面包盘和面包刀。

第四章 | chapter 4

怀旧风格

Vintage Style

1、起源简介

（1）背景

◆ 20世纪初的纽约

Vintage（怀旧）这个词源自于葡萄酒种植者，用于鉴别特别的葡萄收获季或者种植季节，后来被应用于描述曾经制作某物的年份；再后来，随着思乡、怀旧情绪的蔓延和收集纪念品的盛行，“怀旧”不仅指过时或二手的物品，而且专指属于 20 世纪 40—50 年代的物品，或者某个特定的时期出现的事物。名称通常按照年代的划分来区分，人们习惯把 50 ~ 100 年的台灯视之为“怀旧”（Vintage），把有150年历史的书桌视为“古董”（Antique），把 20 年前制造的座钟视为“复古”（Retro）。

“怀旧风格”一词首先被应用于时尚界，后来被沿用到装饰界。尽管怀旧风格的服装一直经久不衰，甚至一些过去的时髦首饰也极受欢迎并很具收藏价值，但是怀旧风格不仅只包含了服饰，它也包含了生活的方方面面。一块条纹桌布和相应的饰品就能够让厨房立刻散发出50年代的气氛，一座蒂芬尼台灯（Tiffany）能够让一个现代空间立刻感受到怀旧的情调。

就家庭装饰来说，怀旧风格专指从 20 世纪30—40年代至第二次世界大战结束（大约 20 世纪 50 年代）期间流行的一种装饰风格。这是个弥漫着怀旧情绪、人们渴望优雅生活的年代；经历过漫长的战争苦难和惊慌，人们盼望有一个温暖和舒适的家；怀旧风格正是在这个历史背景下诞生并广受欢迎的装饰式样。

事实上，怀旧风格成为新宠要感谢维多利

亚风格，因为怀旧风格的设计灵感部分来自于维多利亚风格。怀旧风格是一种迷人和奇异的装饰风格，同时也充满着伤感的怀旧情绪，这一点与维多利亚风格异曲同工。维多利亚时期是工业革命的顶峰时期，也被称作“机械时代”，这与看似精致优雅充满女性气质的维多利亚风格格格不入。其实它真实反映了当时人们对于逝去岁月的怀恋之情，以及感觉新不如旧的心理影响。怀旧风格并不否认对中世纪的怀恋，事实上19世纪英国乡村常见的那种温馨、舒适农舍才是其创作的主要源泉。

怀旧风格的设计理念是建立在混搭的基础之上，因此中国灯笼与法国托阿尔靠枕可以相依为命。包含了所有可以再利用的古董或者怀旧物品，还包括20世纪中叶（Mid-Century）的现代装饰、蒸汽朋克风格（Steampunk）的装饰和维多利亚风格的装饰等。怀旧风格代表着无需遵循任何传统的束缚，运用全新的设计手法去重新组合传统家具，赋予旧物件新的生命，达到放松、舒适、温暖、简洁、清新，甚至容许有点不完美的目的。

特别是在19世纪80—90年代，安妮女王式建筑风靡一时，席卷北美洲。房屋建造商与装饰设计师一道为其开发的住宅打造出一个既华丽又平价的装饰风格，人们普遍称之为“怀旧风格”。这样的房间里通常塞满了各种稀奇古怪的什物，历经风霜的古董，花团锦簇的壁纸，思乡怀旧的墙漆颜色，以及运用折衷主义的装饰设计手法；这是一个稍有不慎便极易落入俗套的装饰风格。

怀旧风格是一种以利用旧物品的环保理念为主导的装饰风格，它并非运用环保的方式或者材料去制造新产品。虽然我们处于飞速发展的21世纪，越来越多人认识到黄金岁月的价值所在，这是一种相对缓慢而简单的生活方式。怀旧风格因此应运而生。与那些具有鲜明时代特征的装饰风格不同，怀旧风格的历史年代要宽松得多，因此它会随个人的理解不同而呈现出不同的面貌。

人们常常容易将怀旧风格与新怀旧风格混淆起来，两者的区别在于追求的目的不同。怀旧风格并没有特定的历史时期作为参照，而新怀旧风格更多体现出维多利亚式的图形、淡色调、蕾丝和优雅气质。怀旧风格扎根于乡村传统，展现摇骑马、印花布、毛巾布和油桌布等，仿佛美国画家诺曼·洛克威尔（Norman Rockwell，1894—1978）风俗画的现实版，又好像一名头戴玫瑰花、身穿大纽扣毛衣的邻家女孩。虽然怀旧风格与新怀旧风格的家具常常交换使用，但是怀旧风格着眼于怀念和重温祖母年代的温馨，新怀旧风格则着重于不着痕迹地显示优雅。

（2）人物

◆安普罗修斯·博斯查多特（Ambrosius Bosschaert，1573—1621）。荷兰黄金时代画家，作品以静物花卉题材见长。其笔下的花卉古朴典雅，鲜艳而不俗。代表作品包括《花卉静物》（*Still Life of Flowers*）、《水果静物与贝壳》（*Fruit Still Life with Shells*）和《窗龛中的花瓶》（*Vase of Flowers in a Window Niche*）。

◆乔凡娜·加佐尼（Giovanna Garzoni，1600—1670）。巴洛克时期的意大利女画家，擅长于描绘水果、蔬菜和花卉静物，是最早从事静物绘画的女艺术家之一。代表作品包括《静物柑橘》（*Still Life with Citrons*）、《静物梨与榛子》（*Still Life with Pears and Hazelnuts*）和《静物梨、杏仁与蜜蜂》（*Still Life with Pears, an Almon, and a Bee*）。

◆劳拉·爱什莉（Laura Ashley，1925—1985）。威尔士时装设计师和女商人，于20世纪50年代开始制造装饰材料，60年代进军时装设计与生产。其时装设计被归类为英国浪漫风格，带有19世纪维多利亚时期的乡村情调。1953年创立劳拉·爱什莉（Laura Ashley）公司，从品牌创立至今，为怀旧风格的创作提供了大量装饰面料。

◆凯茜·绮思敦（Cath Kidston，1958—）。英国时装设计师和女商人。由她创办的凯茜·绮思敦有限公司（Cath Kidston Ltd.）主要销售以怀旧风格为特色的家居饰品，其设计灵感来自于20世纪40—50年代早期。绮思敦由室内设计公司起家，并于1994年开张第一家出售手绣茶巾和翻新家具的专卖店。今天的凯茜·绮思敦已经成为英国怀旧风格家居品牌中的代表。

◆ 博斯查多特的作品

◆ 加佐尼的作品

2、建筑特征

（1）布局

人们一般以安妮女王式（Queen Anne）居住建筑作为怀旧风格住宅的代表，这是一种诞生于机械时代充满浪漫与女性化的房屋式样，代表着怀旧情调的梦中住宅。为了减少维护费用，20世纪早期的安妮女王住宅已经被大大简化，并且改称为爱德华式（Edwardian）。安妮女王风格住宅受中世纪建筑影响颇深，采用非对称布局，具有典型的圆柱形、方柱形或者多边柱形塔楼、环绕式前廊和用木栅栏围起来的前花园等特征。

（2）屋顶

安妮女王式房屋的屋顶陡峭，屋檐外挑较深，并且采用挡风板全部封闭起来。屋面材料包括木屋板和石板。高耸出屋顶像纪念碑似的砖砌烟囱十分醒目。

（3）外墙

安妮女王式房屋的立面呈非对称，正立面的山形墙很显眼，并且常常比其下面的墙体更凸出。环绕式前廊几乎占据了正立面的一半或者大部分，并且经常有二层走廊或者阳台。外墙采用的木墙板往往模仿鱼鳞、赤陶瓦、立体挂屏，或者上面木墙板下面砖墙。此外砖砌或者石砌外墙也很常见。

（4）门窗

安妮女王式房屋常见的窗户式样包括凸窗、八角窗、双悬窗、固定窗和铰链窗。入户大门通常掩盖在凸出的山形墙前廊之下。大门大多为镶板实木门，大致分上、中、下三段镶板，上段或者中段往往镶嵌一块透明玻璃、压花玻璃、磨砂玻璃、彩色玻璃，或者在中段与上段位置镶嵌一块椭圆形玻璃，并且在木门的表面饰以简单的浮雕并彩绘。

◆ 入户门

3. 室内元素

（1）墙面

和维多利亚风格一样，壁纸在怀旧时期很受欢迎，尤其是带有花卉图案或者醒目图形的壁纸。粉刷墙面同样十分流行，它往往配合木镶板墙面。墙漆色彩没有严格的限制，从 20 世纪 40 年代的柔和色调到 50—60 年代的亮丽色彩均是怀旧风格的选择。

（2）地面

怀旧风格的地面材料以实木地板为主，特别是镶木地板或者是擦中性色调的实木地板效果最好。大面积的地毯通常铺在重要区域，如会客区和用餐区等。与 20 世纪 40—50 年代相符的满铺地毯也十分常见。

（3）顶棚

怀旧风格的顶棚通常比较光洁而平整，一般没有任何木梁或者装饰线条等。通常粉刷成白色，或者粉刷色彩与墙面色彩保持一致。

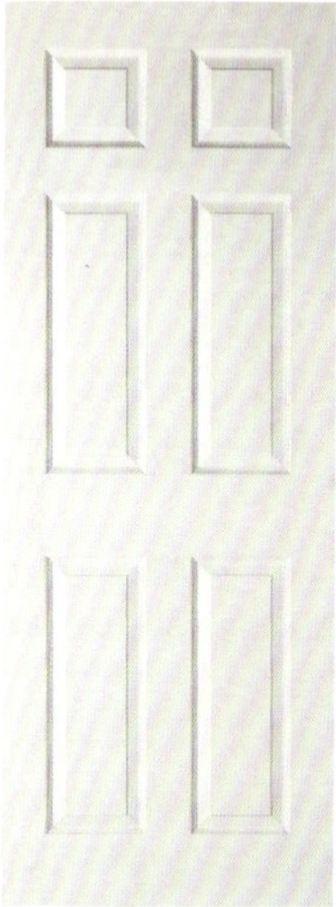

（4）门窗

尽量大的落地窗是怀旧风格的特色，它可以让窗外景色一览无遗。20 世纪 50—60 年代流行的窗户式样包括农场式（Ranch）、百叶窗式（Jalousie）和气窗式（Interior Transom）。其中农场式是狭长的单扇窗，百叶窗式是采用砾石玻璃或者磨砂玻璃制成的百叶凸窗，气窗式则是安装在门和窗上方可控制开启的小窗。

室内门基本为二扇或者三扇镶板木门，通常上段尺寸是下段尺寸的两倍。此外也有等分五扇的镶板木门。室内门表面包括擦褐色后清漆和刷白色油漆这两种处理方式。

（5）楼梯

怀旧风格的楼梯并没有固定的式样，常见种类包括木质楼梯和铁艺楼梯两种。它可以非常简单、实用，也可以十分复杂、精美，但无论如何应与整体装饰效果达成一致；其中木楼梯更加适合怀旧风格。踏板擦褐色后清漆，踢板则经常漆成白色与白色栏杆保持一致。

木栏杆的式样近似于维多利亚式的车削式或者方形直杆，表面根据情况擦褐色后清漆或者漆成白色；木扶手大多擦褐色后清漆，或者漆成黑色与白色栏杆形成对比。

（6）橱柜

怀旧风格的橱柜虽然没有特定的式样，但是带有磨损痕迹的橱柜是怀旧风格的标志，特别是那种式样老旧的橱柜，柜体表面油漆有些斑驳的效果最好。大部分橱柜的柜体和柜门均油漆成白色或者浅蓝绿色调。吊柜顶部往往接触到顶棚，柜门喜欢玻璃门，或者搁板直接敞开着展示餐具。地柜常见仅有清漆处理的厚木板或者石材制作的台面。

（7）五金

怀旧风格的把手造型小巧可爱，色彩斑斓，图案丰富，常见各种纽扣形、花蕾形或者蘑菇形。材质包括陶瓷、彩色玻璃、透明玻璃、刻花玻璃、镀铬金属和黄铜等。

（8）壁炉

怀旧风格的实木壁炉架常常与传统的壁炉用品搭配，包括木匣式的柴火架、风箱、盛满松果的篮筐，或者是用绳子捆牢的柴把，以及锻铁壁炉工具（扫帚、铲子和火钳）。有时候，人们会利用废弃的木板和梁托自己动手制作，并且将之油漆成与周围的家具或者橱柜相一致的色调。怀旧风格的壁炉罩多半采用锻铁或者黄铜制作，式样包括单片、三片和扇形。

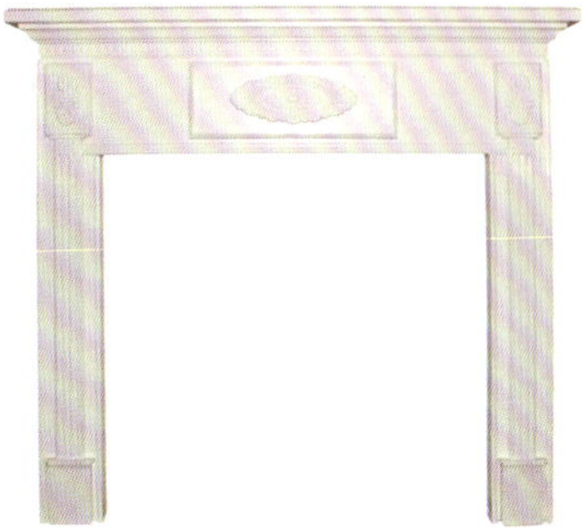

（9）色彩

怀旧风格的主色调为浅中性色调，配合局部的醒目色彩点缀。怀旧风格避免应用过于亮丽的色彩，通常以米白色开始，然后逐步添加柔和的淡灰色系、蛋壳蓝（浅蓝绿色）与白色融合，或者将中度浅灰与蓝白色调搭配。怀旧风格的色调总给人看似经过岁月洗涤后残存的，好像甜美记忆中的粉红色和淡蓝色。

（10）图案

怀旧风格没有特定的装饰图案，以花卉和植物为主，频繁出现在窗帘、床罩、靠枕和桌布之上。不过其花卉图案往往是经过艺术加工后的花卉，而非写实的花卉图案，这是20世纪初期的常见做法。

4.软装要素

（1）家具

餐边柜、碗柜、橱柜和展示柜都是怀旧时代最受欢迎的家具。带有一点磨损痕迹的旧家具均能带来真实的感觉。饰以钉扣的沙发或者扶手椅一般采用单色面料或者皮革。有些沙发套的面料则采用印上传统密集小碎花图案的印花棉布或者格子布。为避免色调过于沉闷，深色的旧家具常常经过洗白处理。木质四柱床是 20 世纪 40—50 年代的常用床具。

怀旧风格的家具涵盖了从法国洛可可、英国齐朋德尔，到美国联邦、维多利亚，甚至 20 世纪早期的传教士 / 工匠和 20 世纪中叶的现代家具。很多来自于 20 世纪 30—40 年代的实木家具，其表面常常饰以雕刻和镶嵌。人们获得怀旧风格家具往往通过寄卖店、旧货市场或者网上拍卖等途径。对于怀旧风格的厨房来说，案桌比岛柜更有怀旧的情调。门厅的挂衣架比衣帽橱更怀旧。

有些家具通过简单的手工就能完成，比如在一只大抽屉的底部安装四条桌腿就能成为床头柜或者边几。有些家具可以改变其原有用途，比如化妆箱可以当作桌子，旅行箱可以作为咖啡桌，备餐桌则可以用作视听中心柜等。

◆ 餐椅

◆ 扶手椅

◆ 扶手椅

◆ 扶手椅

◆ 搁脚凳

◆ 边几

◆ 沙发

◆ 餐桌

◆ 咖啡桌

◆ 抽屉柜

◆ 梳妆台

◆ 衣柜

◆ 箱子

◆ 储藏箱

◆ 床具

（2）灯饰

怀旧风格没有固定的灯具式样，老式的黄铜灯具是标志性的灯饰，包括平壁灯、枝形吊灯、碗形吊灯、吊灯、平顶灯、平顶吊灯和壁灯。陶瓷花瓶常常作为台灯基座。怀旧风格的灯具经常来自于对旧灯具进行的改造或者加工，比如将基座重新漆成白色，并且对灯罩边沿添加水晶坠珠、流苏，或者将一只铁丝篮筐式花盆增加水晶棱镜和链珠变成吊灯等。

◆ 吊灯

◆ 壁灯

◆ 吸顶灯

◆ 吸顶灯

◆ 桌台灯

◆ 桌台灯

（3）窗饰

怀旧风格的窗饰大多比较简单、随意，很少出现豪华气派的窗帘；更多采用遮阳帘或者帷幔，或者是容易打理的浅色薄纱窗帘。窗帘面料体现出 20 世纪 30—40 年代的色彩喜好，比如在浅紫光蓝色的背景前点缀樱桃红色。具有怀旧风格特色的手工窗帘来自于将传统手帕拼缝而成大块的窗帘布。

◆ 帷幔

◆ 窗帘

◆ 床品

（4）床饰

纺织品是怀旧风格房间里的主角，印花棉布被广泛应用，其中带有磨损褪色痕迹的印花棉布效果最佳。床饰包括以玫瑰花瓣图案为主题的被套、在鸭绒被上覆盖的格子花呢毯、饰以钩针编织花边的装饰性枕头套和当作盖毯之用的拼缝被子等。以混搭见长的怀旧风格常将印有涡纹花样的佩斯利图案（Paisley）被子与绳绒线编织的床罩搭配。

怀旧风格的床具喜欢铺上针织软毛毯、棉被和鸭绒被，并且堆满钩针饰边的枕头。

（5）靠枕

典型的怀旧风格靠枕充满温馨与浪漫，无论是方枕还是长枕，枕套均饰满蕾丝花边、刺绣和纽扣等，并且经常以流苏饰边。枕套面料包括棉布、亚麻和丝绸等，枕套图案包括花卉、植物、人物和动物等。

◆ 靠枕

（6）地毯

地毯的形状包括长方形、椭圆形、圆形和半圆形；图案常常与传统印花棉布上的图案相似，包括花卉和几何图形，但以花卉图案最为常见。怀旧风格地毯注重色调而非具体图案，只要是半个世纪前的地毯均可考虑，色调选择与房间内其他布艺色调应取得内在关联。

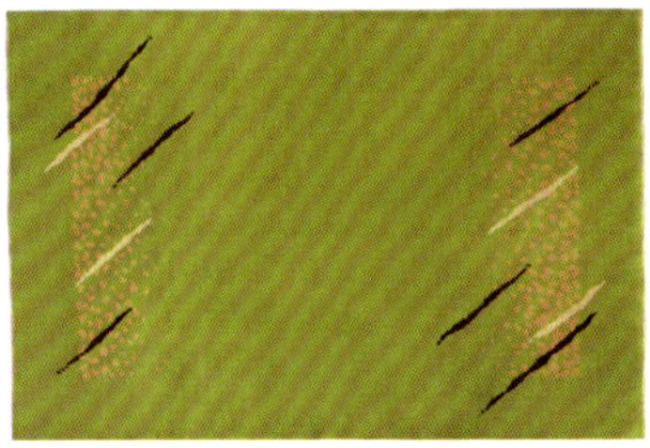

◆ 地毯

（7）墙饰

怀旧风格的墙饰真实反映出那个年代的特色，比如上世纪 40 年代的电影海报、挂在墙上的地毯拍、装在金色画框或者石膏画框里的玫瑰花水彩画、配上金属边框的花卉图片和用木框装裱的印花棉布表面缝上大纽扣等。墙饰常常需要手工制作，例如将属于那个年代的旧物品贴在木框里，或者将一片木头配上一把弯折的汤匙制作的壁挂式烛台等。

复杂和简单的画框、镜框通常混搭在同一面墙上，画框内容多以祥和、宁静的日常生活或者淡泊、恬美的静物写生为主题，反映出那个年代人们向往美好生活的愿望。

◆ 挂钟

◆ 镜框

◆ 装饰画

◆ 装饰画

（8）桌饰

任何代表 50 年前的生活用品都可以作为怀旧风格的桌饰，比如盛满碎钻石和松果的小木盒、木制火柴、伞架、装满花瓣的旧玻璃瓶、旧玩具、韦奇伍德（Wedgewood）的瓷器、拨盘电话机和镶在旧相框里的黑白照片等。

卧室里的桌饰比较丰富，它们包括放在窗台板上的布娃娃、女孩子喜爱的棕色泰迪熊、男孩子着迷的双翼飞机模型、瓷质鸟类或者花卉小雕像、装满发夹和珠宝的水晶罐、玻璃烛台、香水瓶、银妆盘、珍珠项链和古董首饰等。和维多利亚风格相似，怀旧风格也喜欢将钩针编织的小块桌布铺在桌面、壁炉架和展示搁板之上。

◆ 托盘

◆ 电话机

◆ 座钟

◆ 储藏罐

◆ 水壶

◆ 收音机

◆ 电风扇

◆ 烛台

（9）花艺

怀旧风格的花艺无需特别安排或者刻意造型，只需尊重自然美的原则即可。插在玻璃瓶中的几支玫瑰和蕨叶，或者瓷质水壶中的一束薰衣草和 2 朵绣球花，就完全体现出主人的怀旧情怀。花材包罗万象，常用的有玫瑰、马蹄莲、绣球花、百日菊、麦秆菊、矢车菊、雏菊、向日葵、茉莉花、牡丹、蕨叶、三叶草、薰衣草、飞燕草和柳树枝等，其中最具代表性的怀旧风格花材是玫瑰。

花器同样不拘一格，几乎任何日常器皿都可用于插花，特别是那些曾经不是花器的玻璃、陶瓷和金属器皿等。花卉经常插在小型瓷质水壶、带手柄的水罐甚至夜壶当中。

◆ 花瓶

◆ 花艺

◆ 花瓶

◆ 花瓶

（10）餐饰

怀旧风格的餐桌大多铺上一块桌布，并且在每个座位前摆上钩织或者粗麻布餐垫。餐桌上必然会出现水罐和配套的水杯。怀旧风格餐饰意味着温馨与浪漫，因此餐桌上经常出现蕾丝饰边的桌布和饰以花卉图案的餐垫，还有玻璃或者水晶杯、银器，当然不能忘掉任何材质的烛台。餐桌上的饰物经常利用现成的物品简单制作，比如在玻璃甜点杯中放进一朵鲜花，或者茶壶里插入几支绿枝就能立即做成餐桌的中心饰物。

虽然饰以鲜艳花卉图案并且带金边的瓷质餐盘是怀旧风格的典型餐具，但是最具代表性的还是创建于 1936 年的嘉年华餐具（Fiesta Ware），其特征是色彩鲜艳夺目，造型设计受维多利亚和装饰艺术风格影响，包括餐盘、生菜盘、汤碗、杯子和茶托等。记住怀旧风格的混搭特质，注意餐具只要色调一致，图案不必太统一。

不锈钢或者银质刀叉都合适，式样以维多利亚式为主。刀叉和酒杯按照传统的摆放方式即可，餐巾常常卷折后插入利用手镯、脚镯或者项链制作的餐巾环内。

◆ 酒杯

◆ 瓷盘

第五章 | chapter 5

新怀旧风格

Shabby Chic Style

1、起源简介

（1）背景

◆ 爱尔兰茅草屋

“新怀旧风格”这一名词由出生于 1959 年的英国设计师雷切尔·阿什韦尔（Rachel Ashwell）于 20 世纪 80 年代在美国创造。她于 1989 年以“新怀旧”（Shabby Chic）名义在美国加州圣塔莫尼卡市注册了第一家新怀旧专卖店，专门出售可拆洗的椅套和沙发套、床品、织品、设计书籍和电视系列讲座，以及重新处理的旧家具等商品。

新怀旧风格并非由阿什韦尔独创，也并非一种特定风格，它是一种把家居空间装扮成看起来充满沧桑感又不失浪漫气息的装饰趋势，追求目标与任何经典装饰风格一样，讲究平衡的艺术，将随意、浪漫、古旧与优雅恰到好处地融为一体。如果放置一件优雅的物品，必定在其旁配上一件老旧的物件。光滑与肌理，古董饰品的下面是磨损暗淡的油漆表面，闪亮的银器与重新油漆的旧桌子，柔软的盖毯与粗糙的旧蕾丝，诸如此类的平衡搭配便是新怀旧风格的精髓。

按照阿什韦尔给出的公式，新怀旧风格 = 温馨 + 舒适 + 怀旧 + 漂亮。新怀旧风格十分适合展示从各地淘来的旧物件、祖传遗物和二手货，所有的物品都可按照自己的喜好和风格经过再次处理并展示出来。简而言之，新怀旧风格是一种将新与旧融为一体并且赋予其新生命的风格，更具魅力与个性。

新怀旧风格不仅仅是指一个品牌，它体现的是一种用最少的支出营造出最适宜居住环境的生活理念。虽然它并非一种特定的风格，但是它确实有自己的明确特色。由于新怀旧风格是建立在磨损但不破旧的基础之上，因此它引导着人们追求简单而随

◆ 爱尔兰茅草屋

意的生活方式。事实上，新怀旧一词已经透露出其全部内涵：新怀旧（Shabby Chic）= 破旧（Shabby）+ 雅致（Chic）；换句话说，即虽然破旧但不失雅致。

优雅与魅力来自于其超凡脱俗的白色，这就是新怀旧风格选择白色作为室内家具、灯具、布艺、饰品与背景统一色调的主要原因。白色总是给人带来欢乐、温馨与纯净，也能够与任何色彩和睦相处、相得益彰，特别是在有色背景的衬托下，白色家具会显得更加高雅脱俗。而且白色还可以选择亚光、半亚光和高光泽面漆处理，因此产生微妙的视觉差异。为了营造一种亲切而又舒适的怀旧情绪，通常新怀旧风格会选择做旧亚光处理。

有人把新怀旧风格与波希米亚式（Bohemian）或者颓废派（BoHo）归为一类，因为它们都具有怀旧与回收利用的特质。从 20 世纪 90 年代至今，人们因其注重绿色居住的理念而推崇备至——甚至冷峻的当代风格（Contemporary）也通过融入新怀旧饰品、材质与色彩来增添亲切感。

新怀旧风格从英国乡居和农舍（Cottage）、瑞典田园风格（Swedish Country）、美国谢克尔风格（Shaker）、法式庄园风格（French Chateau）、海岸别墅（Beach Cottage）和美国民间艺术（American Folk Art）当中获取了不少创作灵感。洛可可式样的水晶吊灯、锻铁烛台、多层镶嵌的镜框、以及带有精细蚀刻或者涡旋形装饰等传统元素都被借用到了新怀旧风格当中。

新怀旧风格代表着舒适与温馨，其特征表现为轻微的磨损、加厚的软垫座椅和沙发、大多为白色的沙发套、重新油漆的旧家具、过时的旧物件、老行李箱改造而成的咖啡桌、褪色的被褥、装满杂志的篮筐与旧蕾丝做成的窗帘，还有各种稀奇古怪的饰物等。它汲取了传统装饰艺术当中女性特有的魅力与优雅，因此也深受女士们的喜爱与追捧。

（2）人物

◆ 乔治·科克伦·兰布登（George Cochran Lambdin, 1830—1896）。美国维多利亚时期画家，是最早专长于玫瑰花的画家。其笔下的玫瑰鲜艳欲滴、栩栩如生，被人们称之为“兰布登玫瑰”。代表作品包括《藤本月季》（*Climbing Roses*）、《静物玫瑰》（*Still Life with Roses*）和《花瓶里的玫瑰》（*Rose in A Vase*）。

◆保罗·德·朗普（Paul de Longpre, 1959— ）。法国画家，但是长期居住在美国，并建立了著名的花园。朗普不仅擅长于用画笔描绘玫瑰，也擅长于种植玫瑰，因此被称为“花王”。代表作品包括《野生粉红玫瑰》（*Wild Pink Roses*）、《玫瑰与大黄蜂》（*Roses and Bumblebees*）和《白玫瑰》（*White Roses*）。

◆雷切尔·阿什韦尔（Rachel Ashwell, 1959— ）。英裔美国设计师。20 世纪 80 年代初在美国从事过一段时间的造型师和电影布景师，后在重新装饰自己住家时获得新怀旧风格的设计灵感。1999—2003 年期间，主持了“雷切尔·阿什韦尔的新怀旧”电视节目，新怀旧风格因此风行一时。2004 年阿什韦尔与标靶公司（Target）合作推出系列产品。到 2008 年她已经拥有 6 家新怀旧专卖店，同时也出版了 7 本关于新怀旧风格的畅销书，成为美国著名室内设计师之一。2009 年阿什韦尔的新怀旧公司因财政困境申请破产保护，但是新怀旧风格并没有因此消亡，因为已经深入人心。2011 年阿什韦尔在德克萨斯州开了一间专门迎接世界各地粉丝们的家庭旅馆兼产品展示厅，继续为传播新怀旧风格的设计理念而不懈努力。

◆ 兰布登的作品

◆ 朗普的作品

2、建筑特征

（1）布局

新怀旧风格居住建筑的原型来自于爱尔兰的乡间茅草屋，这是一种十分朴素而又可爱的小房屋，整体基本呈长方形布局。建筑面积虽然不大，但是周围大多有一个花团锦簇、四季芬芳的花园，让人仿佛置身于童话般的世界里。

（2）屋顶

新怀旧风格喜欢非常厚重的茅草屋顶，陡峭的屋面包括双坡和四坡屋顶。屋檐几乎没有出挑，大多数被修剪得很整齐，也有些自然低垂的屋檐几乎快接近地面。坡屋顶上偶见的老虎窗通常较小。砖砌或者石砌的烟囱也很小，其表面处理基本为显露砖石结构和白色灰泥粉刷。

（3）外墙

新怀旧风格建筑的外墙采用砖砌或者石砌构造，墙面大多采用白色或者浅黄色灰泥粉刷。建筑立面上门窗经常采用对称布置，大门安排在正中间。墙面经常爬满各类爬藤类植物，与花园融为一体。

（4）门窗

建筑的平开窗或者双悬窗的窗格通常划分比较细小，门窗的高度也很低矮，窗台接近地面。入户大门常现拱形门，有时候会用砖砌一个简单的小门廊遮蔽风雨。木质镶板大门上常用玻璃镶嵌，大门表面常常油漆成红色、蓝色或者绿色。

◆ 入户门

◆ 外门窗

3. 室内元素

（1）墙面

如前所述，新怀旧风格只是对原有建筑的室内进行改造后所获得的新形象，即没有自己独特的室内装饰要素，因此也不会对硬装提出特别要求，基本上任何原有的室内硬装都会予以保留。

柔和的墙面色彩是新怀旧风格的基调，刷白的墙面为新怀旧风格提供了一块背景色。适用的墙面色彩还包括淡黄色、淡褐色、乳白色和淡黄褐色。

白色和淡黄色往往来自于沙发、地毯或者装饰画，常常会有一面墙铺贴带浅色花卉图案的壁纸。经过再处理的老式顶角线、墙裙与木质壁炉架给新怀旧风格增加了更多有趣的细节。

为了使新怀旧风格更具戏剧性效果，可以选择梦幻一点的浅粉色、淡蓝色或者淡绿色壁纸。它们包括表面具有压花花纹和肌理感觉的壁纸，或者带西洋玫瑰和其他大型花卉图案的壁纸。如果织品已经充满了花卉图案，壁纸选择柔和的淡色与白色条纹可以为之做很好的补充。

（2）地面

做旧的实木地板十分适合新怀旧风格；如果没有旧实木地板，那么只好将新实木地板进行做旧处理，例如擦色后清漆。如果地面为软木地板（如松木或者白杨木），则可以进行刷白和擦色处理。

地面局部铺上与整体效果协调的小块地毯，材质和形状不限。

（3）顶棚

新怀旧风格通常将原有顶棚粉刷成和墙面一样的白色，如果有平行木梁，也同样被粉刷成白色。新怀旧风格不太喜欢过于复杂的顶棚装饰，不过愿意保留传统的圆花饰和圆形浮雕，让人们感受到一份祖母年代的韵味。

（4）门窗

新怀旧风格偏爱蕾丝或者半透明的薄纱来装饰窗户。经过重新油漆的百叶窗，窗顶饰以软布制作的帷幔，带衬里的窗帘盒采用拼缝布或者旧麻布包裹。对于单纯的窗帘只要象征着怀旧的锻铁窗帘杆即可。

新怀旧风格并没有自己独有的门窗式样，只是把原有的门窗漆成白色或者尽量选择白色门窗框架，然后进行局部磨损的表面效果处理。

（5）楼梯

新怀旧风格充分尊重原有楼梯结构，基本保持原貌，只是对其表面进行加工处理，特别是栏杆和扶手。无论铁艺还是木质栏杆都会被漆成白色，然后进行局部磨损的表面效果处理。

（6）橱柜

与新怀旧风格的家具表面处理方式一样，橱柜的柜体和柜门表面通常油漆成白色、粉蓝色或者粉绿色，并有明显的磨损做旧痕迹。吊柜柜门常用玻璃门或者搁板敞开展示餐具和收藏。地柜台面材料是仅有清漆处理的厚实木板或者铺贴白色瓷砖。

（7）五金

典型的新怀旧风格把手经常将原有金属刷白漆，干后再打磨做旧处理，此外也常见花蕾形和蘑菇形把手，材质包括金属或者实木。

◆ 把手

（8）壁炉

新怀旧风格也没有自己独特的壁炉架式样，无论是石砌、砖砌，还是木质壁炉架，统统都漆成白色，然后进行局部磨损的表面处理；如果是石材壁炉架，则选择白色或者浅色调的石材。壁炉罩材质包括锻铁和黄铜，不过经常被漆成白色后做旧，式样包括单片和三片。

（9）色彩

新怀旧风格的温馨与浪漫来自其柔和的色彩与中性的调色板。典型的新怀旧风格色彩轻淡柔和，包括淡粉红色、浅黄色与浅绿色等，加上天蓝色、柔玫红色与中性的米黄色和棕褐色。白色被大量应用并成为基本色调，新怀旧风格较少出现原木色和鲜艳夺目的色彩。所有不成套的家具都统一在白色的背景之下，从而赋予其新的生命。

（10）图案

来自于花园的花卉图案常常出现在桌布、枕套、椅套或者沙发套中，作为英国国花的玫瑰是新怀旧风格最具代表性的花卉图案，特别是粉红色玫瑰花。将不同图案和肌理进行混合，使得新怀旧风格的房间显得别具一格，因为混搭装饰手法本身就是新怀旧风格的装饰本质。

4、软装要素

（1）家具

新怀旧风格经常更换椅套或者沙发套的目的之一，在于隐藏那些旧家具上存在的破损和裂缝，同时也将五颜六色的旧家具用白色的织品统一起来。任何暗淡、柔和的单色或者图案也同样适合。布料无需熨烫平整，因为褶皱本身也是一种美。新怀旧风格的家具只要符合舒适、起皱、装套并且圆角的条件均适合采用；通常还会为了欢迎客人而加厚软垫成为新怀旧风格的标志性家具特征。

新怀旧风格并不按照固有观念去看待家具，椅子不一定坐，一把重新油漆的椅子可以放在床头或者沙发旁，也可以置于墙角摆放花盆等；一张室外条凳或者旧行李箱可以当作咖啡桌；几个木箱子叠放在椅子旁可以作为花架或者书架等。

传统的新怀旧风格家具也会选择一些传统的储藏家具（如果酱柜或者馅饼柜等），带有锈迹或者轻微磨损的锻铁床头板床具也十分受欢迎。那些过时的和不成套的家具，甚至是室外家具均是新怀旧风格的理想选择。并没有一种家具式样是专属于新怀旧家具，但是新怀旧家具有一些共同的特性，比如怀旧、有趣和舒适等。

新怀旧家具需要在式样、色彩或者线条方面考虑互补关系，但无需考虑是否匹配。事实上，新怀旧家具总给人一种来自不同年代，并且不断更新、变化的印象，避免任何约定俗成或者既定安排。

虽然白色和米白色是新怀旧风格清新气息的来源，但是反映花园景色的芹菜绿色也常用于粉刷旧家具或者窗框，或者作为点缀色彩。任何实木家具和铁艺家具都能被重新刷白应用于新怀旧风格家庭。

◆ 餐椅

◆ 扶手椅

◆ 软垫长凳

◆ 扶手椅

◆ 沙发

◆ 扶手椅

◆ 柜子

◆ 餐边柜

◆ 餐桌

◆ 咖啡桌

◆床头柜

◆毛毯箱

◆床头柜

◆床具

◆靠墙台桌

◆床具

（2）灯饰

灯光是浪漫气息的制造者，饰以水晶坠饰的古怪壁灯或者枝形吊灯是新怀旧风格的视觉焦点。新怀旧风格特别喜欢那种从蜡烛或者透过布艺灯罩散发出来的柔和间接光，避免任何刺眼的直射光。典型的新怀旧风格灯具包括洛可可式样的水晶吊灯、磨损的铁艺枝形吊灯和重新油漆过的老式台灯。

水晶枝形吊灯最能够点亮新怀旧风格浪漫的气息。无论是灯光还是阳光，透过水晶坠饰折射出来扑朔迷离的光芒，投射在金色或者银色相框上向四周反射，让人无法忽视它的存在。新怀旧风格也十分喜爱米白色或者粉色系的水晶枝形吊灯。

新怀旧风格经常会为吊灯、壁灯或者台灯重新制作一顶带粉色或者玫瑰花图案的布艺灯罩，其玫瑰花图案与其他布艺上的玫瑰花图案保持一致，并且在灯罩底边饰以流苏或者坠珠。

◆ 壁灯

◆ 吊灯

◆ 吊灯

◆ 壁灯

◆ 桌台灯

◆ 桌台灯

（3）窗饰

蕾丝是新怀旧风格常见的窗帘面料品种，悬挂在铸铁窗帘杆上的白色薄纱是另一种常见面料。让窗帘垂落至地面上能够营造出更多的浪漫感，同时应用黄铜窗帘钩，体现出“雅致”的格调。为了保护隐私，可以为窗帘增加一层薄纱或者木质百叶。

流苏和褶裥常用于装饰窗帘来增添趣味性与女性的特征，它们会出现在窗帘、帷幔或者遮阳帘上。新怀旧风格的窗饰经常将具有相同白色背景的条纹布、棋格布和花纹布进行混搭应用于窗帘和帷幔上。为了得到新怀旧风格特殊的怀旧效果，崭新的布料通常会采用茶水或者咖啡染色做旧处理。

新怀旧风格纺织品的色彩之间对比度比较弱，由此产生温暖而又热情的家居氛围。不过色彩之间具有某一共同色，如浅绿色或者淡粉红色等。原则上，白色窗帘布料常用于夏季，而条纹和花卉窗帘布料主要应于冬天。

◆ 帷幔

◆ 窗帘

◆ 床品

（4）床饰

无论是四柱床还是平板床，新怀旧风格的床品基本以素雅的白色为主，或者是粉红色配上玫瑰花图案。著名英国品牌劳拉·爱丝莉（Laura Ashley）和凯瑟·基兹顿（Cath Kidston）出品的布料经常被应用于新怀旧风格的床饰和窗饰当中。床品会刻意避免使用成套产品，让不同大小花纹和条纹混合搭配，同时尽量应用褶皱裙边把床脚掩盖起来。

充满女性气质的新怀旧风格喜欢所有带褶裥花边或者流苏饰边的床罩、床幔或者床裙。此外，绳绒线织床罩也是不错的选择，常见于靠枕套、椅套或者沙发套等，也经常与拼缝被搭配应用。一个简单的、如公主花冠般或者尖顶帐篷般的华盖能够给床具增添更多的浪漫气息。拼缝被子或者毛毯经常当作床罩，也可以折叠起来搭在椅背或者沙发扶手之上。

（5）靠枕

新怀旧风格十分喜欢带褶裥花边或者流苏饰边的靠枕。靠枕颜色以粉红色和白色为主，图案则以玫瑰花为主。沙发和床具上面总是摆满了各式各样、大小不一的靠枕，靠枕的面料需要让条纹和花纹混合搭配。

这些条纹和花纹图案同时也应该与窗饰、床饰、沙发套和地毯等纺织品的条纹和花纹取得协调，色调保持一致。钩针编织品随处可见，包括钩针编织的靠枕套。

◆ 靠枕

◆ 靠枕

（6）地毯

新怀旧风格的地毯最重要的选择标准是花色，应尽量选择那种浅粉色系的地毯，图案简单或者单色。控制房间色彩的单纯和纯净是新怀旧风格色彩的原则。浅粉色的编织布地毯是新怀旧风格喜欢的地毯品种之一。

地毯色调以淡雅和浪漫为主，比如传统手工编结的粉彩色系碎布地毯（Braided Rag Rug），注意地毯避免强烈的色彩或者几何图案。剑麻地毯（Sisal Rug）也适合于新怀旧风格装饰。

（7）墙饰

为了装扮出温馨与浪漫的气息，新怀旧风格墙饰要尽量突出女性特有的柔美气质。尽量选择如洛可可风格镜框那样具有优美曲线造型的镜框，或者是精美的瓷盘展示在墙面上。以花卉为主题的装饰画或者摄影作品十分适合于装饰墙面，不过色调应尽量选择粉色系，因为粉红色玫瑰花是最主要的新怀旧风格绘画内容。

粉色系的拼缝被子常常作为壁毯悬挂在墙壁上，散发出强烈的传统家庭气氛。拼缝的面料与同一空间的其他布艺面料保持协调，即相同的面料出现在不同的布艺当中。不过新怀旧风格的墙面不会用墙饰布置得满满当当，总是点到为止，恰到好处。

◆ 挂钟

◆ 花环

◆ 镜框

◆ 油画

（8）桌饰

新怀旧风格依靠各式各样的饰品来突出个性，并且使房间看起来更温馨、浪漫。它常常将烛台、鲜花和重新油漆的相框组合在一起，来营造浪漫与优雅的氛围。虽然新怀旧风格没有固定的饰品，但是所有的饰品均围绕营造温馨、舒适与浪漫的氛围来选择与安排。

新怀旧风格并非要求所有饰品必须协调统一，因为混搭本身就是新怀旧风格装饰的基本原理。那些像祖母留下的、带花卉图案的不成套瓷器，重新油漆的老式镜框和相框，从旧货市场收集来的杯子和茶托等均很适合。适合于新怀旧风格的桌饰还包括青花瓷、彩色玻璃器皿、海绵釉陶（Spongeware）和杂色釉陶（Spatterware）等。

带有托阿尔印花布（Toile de Jouy）图案的瓷器是新怀旧风格喜爱的桌饰之一。无论是蓝色调还是红色调的瓷器均应与带同样图案的织品协调统一。木质或者金属烛台是必不可少的桌饰之一，表面通常经过重新刷白后再做旧处理。

◆ 座钟

◆ 座钟

◆ 座钟

◆ 托盘

◆ 烛台

◆ 相框

◆ 相框

（9）花艺

粉红色的玫瑰花是新怀旧风格最理想的装饰品，它们几乎无处不在。无论是插在玻璃花瓶、瓷质花瓶，还是铁皮花瓶中的玫瑰花，都能够给房间带来更多的温馨与浪漫。花器的表面尽量选择白色或者浅色，或者重新刷成白色。花环也常见于新怀旧风格的空间当中，它们常常用于装饰床头或者入户门。

新怀旧风格的花器不在乎是否真正的花器，任何能够插花的器物都能够被利用，比如玻璃瓶或者铁皮桶等，甚至是有缺口的茶壶也可以用来插花赏玩，反而能够产生意想不到的效果，只是需要注意玫瑰花的颜色与纺织品的色彩保持一致。

◆ 花瓶

◆ 花瓶

◆ 花艺

◆ 花艺

（10）餐饰

新怀旧风格的餐桌同样需要营造出温馨与浪漫的气氛，粉红色系的桌布经常带有流苏和褶裥镶边，或者直接应用钩针编织的桌布和餐垫。餐桌的正中央往往会摆上一盆以玫瑰花为主的花艺，插花效果介于随意与正式之间。通常来说，对于简单的餐饰，选择红色、粉红色、黄色和紫色玫瑰花的混合搭配；对于比较正式的餐饰，选择单一颜色的玫瑰花。

新怀旧风格不一定非要成套餐具，只要餐具本身品相良好、相互协调就可。餐具以精美的陶瓷和玻璃为主，也有少量银质餐具，选择那种带瓷质把柄的刀叉以及玻璃或者水晶刻花酒杯，记住“雅致”始终是新怀旧风格的核心精髓。

◆ 水晶酒杯

◆ 茶壶

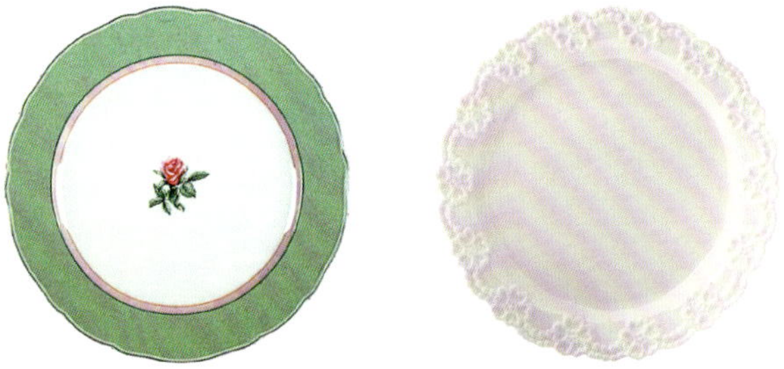

◆ 瓷盘

第六章 | chapter 6

维多利亚风格

Victorian Style

1、起源简介

（1）背景

◆ 维多利亚时期的女装

19 世纪的英国工业革命达到顶峰，经济的繁荣带来一大批具有前所未有经济实力与社会地位的中产阶级，这个新兴的富有阶层期盼着有一种能够体现其身份与地位的新式家具式样，批量生产的维多利亚风格家具应运而生。维多利亚女王（Alexandrina Victoria，1819—1901）本人偏爱华丽的装饰风格也极大地刺激了维多利亚家具的设计与制作。

两个影响维多利亚风格的重要因素包括：①英国王室对世界的影响力使得维多利亚式客厅里充满了来自于世界各地的奇珍异宝；②工业革命的成功使得家家户户都有能力展示属于那个时代的产品。在喜欢维多利亚风格的人们看来，维多利亚风格意味着精致与典雅，在另一半人眼里看来则代表着模糊与混乱。

跨越古典传统与工业革命之间的维多利亚时期意味着不断地变革。特别是在 1840—1900 年期间，英国家具业正经历着一场惊人的演变。机械的革新彻底改变了桌子、椅子、矮沙发、双人沙发和其他客厅家具的制造。批量生产提供了不可抗拒的附加值，中产阶级家庭可以轻松地与邻居们保持一致，他们利用制造技术的进步将家居空间塞得满满当当。

英国室内设计师们经历了工业革命和批量生产带来的冲击，那些曾经专属于上流阶层的商品现在流入中产阶级。他们试图将新古典风格简单的对称美移植到维多利亚风格当中获得对称、和谐与模式，但是最后过度炫耀仍然取代了秩序与克制。早期维多利亚风格既缺乏乔治风格（Georgian）的优雅，也没有摄政风格（Regency）中希腊式（Grecian）的简洁，然而却上演了辉煌传统的最后一幕。尽管线条粗重，装饰粗糙，维多利亚风格仍然注重比例并营造出可靠而舒适的生活氛围，充满华而不实的装饰，源自于哥特式的尖顶和装饰浮雕。

浪漫主义色彩是维多利亚风格经久不衰的主要因素。那些欧洲传统童话般的浪漫故事至今仍然吸引着无数的少男少女们。我们可以从层层叠叠的豪华布料褶皱、充满柔美情调的雕刻装饰，以及异域神秘诱惑力的镶边装饰当中清晰地感受到这一点。这大概也是维多利亚风格最具魅力和最具价值的一部分，因为如果没有了浪漫因素，维多利亚风格就只剩下了一堆繁琐的堆砌。

“越多越好”（More is better）是维多利亚时期信奉的装饰准则，每一个房间均充满着各式各样的繁复与琐碎，结果可能温馨迷人，也可能炫耀招摇。无论是维多利亚风格的建筑外观还是室内，它都是不折不扣的折衷主义（Eclecticism）。它融合了古典的式样与现代的便利，表现出多重性与包容性，这是一个新技术到来和工业革命诞生时期的混合物。在维多利亚早期，因为中产阶级激增，历史上出现第一次家具为客户预定订单而制作。

维多利亚时期的英国艺术领域基本上是由英国皇家美术院（Royal Academy of Arts）主导，其美术流派主要包括写实主义（Realism, 1850—1880）、印象主义（Impressionism, 1860—1900）、 象征主义（Symbolism, 1880—1895）和维多利亚式（Victorian, 1837—1901），充满活力的色彩代表着当时蓬勃的经济和多彩的社会。虽然大众审美情趣趋向于古典写实，但是摄影技术的发展改变了传统审美价值观，并且刺激着艺术家们去探索更高的创新。

维多利亚艺术经常运用鲜明的色彩来描绘激动人心的一刻或者重大事件，不过更多的作品是反映大众喜爱的英国乡村生活。田园景色、理想化裸体、神话场景或者圣经主题、生活场景、人物肖像和异域风光等成为维多利亚时期的主要绘画内容。

维多利亚风格的发展过程分为三个阶段：早期维多利亚时期（1830—1860），又称浪漫时期；中期维多利亚时期（1860—1885），也称巅峰时期；晚期维多利亚时期（1885—1901），史称美学时期。

这三个阶段分别出现过三种复兴式样：①哥特复兴式（Gothic Revival, 1830—1860），家具特征表现为拱形、四叶饰、三叶饰、尖顶形和卷叶花样或者花形浮雕等；②洛可可复兴式（Rococo Revival, 1840-1865），家具融合了法式高档家具的写实花卉、贝壳与水果、C形与S形涡卷和强劲的曲线等特征；③文艺复兴式（Renaissance Revival, 1860—1890），家具具有男性拱门、漩涡花饰、动物与人物图形、镶嵌饰面板、树节饰面板、镀金刻痕和铜锡锌合金镶嵌等特征。

晚期维多利亚风格经历了1861年由英国工艺美术运动（Arts and Crafts Movement）掀起的反批量生产和机械制造家具的浪潮；紧接其后1880—1890年的唯美主义运动（Aesthetic Movement），吸收了日本艺术的新发现；然后是由英国建筑师查尔斯·伊斯特莱克（Charles L. Eastlake, 1833—1906）发起的伊斯特莱克运动（Eastlake Movement），伊斯特莱克出版的《关于家具、装潢和其他细节的家居品味》一书曾于1872年风靡美国。

唯美主义运动和伊斯特莱克运动制作的家具均比维多利亚风格家具更少华丽的外观，表现出格式化的自然元素、长方形和严谨而朴实的线条，采用镶嵌细工、镶嵌和镶板技术。

维多利亚女王之后的爱德华七世（Edward VII, 1841—1910）执政期间产生了一种被称作爱德华式（Edwardian Style）的家具式样。主要受装饰派艺术（Art Deco）和新古典主义（Neoclassical）的影响，它去除了大部分厚重的雕刻，代之以葡萄叶和女性特质的轻柔雕刻。

美国维多利亚风格盛行于1840—1910年期间，随着那些自英国移民而来的设计师和工匠们引入到美国。19世纪后半程美国出现了一批在时间上重叠并且统统归类于“维多利亚式”的建筑风格，它们包括哥特复兴风格（Gothic Revival）、意大利风格（Italianate）、斯蒂克风格（Stick）、美国安妮女王风格（American Queen Anne）、理查森式罗马风格（Richardsonian Romanesque）、辛格风格（Shingle）与殖民复兴风格（Colonial Revival）等。

这些建筑风格之间相互影响、融合，同时

也大量汲取了自从欧洲中世纪以来至 19 世纪末各种不同建筑艺术之特征，因此美国维多利亚风格体现在其建筑与室内装饰艺术之上是个不折不扣的折衷主义。

（2）人物

◆约翰·阿特金森·格雷姆肖（John Atkinson Grimshaw, 1836—1893）。英国画家，唯美主义画派的代表人物，维多利亚时期著名的画家。擅长于以独特表现手法描绘夜景、灯光与月光。代表作品包括《黄昏下的泰晤士》（*Nightfall on the Thames*）和《航运在克莱德》（*Shipping on the Clyde*）。

◆埃德温·奥斯汀·阿比（Edwin Austin Abbey, 1852—1911）。美国艺术家、插图画家和油画家，擅长于描绘莎士比亚和维多利亚的题材，以及描绘爱德华七世加冕礼场景。其代表作品为现藏于波士顿公共图书馆的《寻找圣杯》（*The Quest of the Holy Grail*）。

◆劳伦斯·阿尔玛·塔德玛爵士（Sir Lawrence Alma-Tadema, 1836—1912）。荷兰裔英国画家，是 19 世纪晚期最著名的浪漫主义艺术家之一，擅长于描绘罗马帝国的奢淫与颓废——在地中海蓝天碧海背景的衬托下布置在华丽大理石室内的怠惰人物。其代表作品包括《温水浴室》（*The Tepidarium*）、《赫利阿加巴鲁斯王的玫瑰》（*The Roses of Heliogabalus*）和《春天》（*Spring*）。

◆威廉·鲍威尔·弗瑞斯（William Powell Frith, 1819—1909）。维多利亚时期英国画家，擅长于通过全景叙事的方式来描绘民间风俗题材，于 1853 年入选英国皇家艺术院（Royal Academy），被称为是自威廉·霍格思（William Hogarth, 1697-1764）以来英国最伟大的社会场景画家。代表作品包括《十字街头清道夫》（*The Crossing Sweeper*）、《多莉·瓦登》（*Dolly Varden*）和《1881 年皇家艺术院的私人见解》（*A Private View at the Royal Academy*, 1881）。

◆大卫·罗伯茨（David Roberts, 1796—1864）。苏格兰画家，以丰富而精细的手法描绘埃及与近东地区的系列石版画而闻名，并因此成为当时杰出的东方艺术画家，于 1841 年入选英国皇家艺术院会员。代表作品为《伟大的吉萨省斯芬克斯（狮身人面像）与金字塔》（*The Great Sphinx and Pyramids of Giza*）。

◆乔治·弗雷德里克·瓦兹（George Frederic Watts, 1817—1904）。英国维多利亚时期大众喜爱的象征主义画家与雕塑家，因深含寓意的作品而闻名，希望表现史诗般的人生符号周期——“生命之屋”（House of Life），即人生的情感与愿望均采用一种宇宙符号语言来表述其中。代表作品包括《希望》（*Hope*）和《爱与人生》（*Love and Life*）。

◆弗兰克·霍尔（Frank Holl, 1845—1888）。英国社会现实主义画家，以人物和肖像画见长，曾经受到荷兰画家梵高和维多利亚女王本人的崇拜。人们说霍尔的作品画出了维多利亚时期的阴暗，其创作题材以平民百姓为主，画面总是充满着一股阴郁和忧伤的气氛。代表作品包括《告别故乡》（*Leaving Home*）、《嘘，安静》（*Hush!*）、《纽盖特监狱》（*Newgate*）和《缝衣曲》（*Song of the Shirt*）。

◆查尔斯·洛克·伊斯特莱克（Charles Locke Eastlake, 1833—1906）。英国著名的建筑师与家具设计师。伊斯特莱克使威廉·莫里斯（William Morris, 1834—1896）工艺美术风格的装饰艺术理念得以普及，成为 19 世纪英国早期复兴式或者现代哥特式的主要倡导者之一。伊斯特莱克设计的家具均由专业家具制造商制作，被称为“伊斯特莱克风格”（Eastlake Style），在 19 世纪晚期十分盛行。伊斯特莱克于 1868 年出版的《家具、布艺与细节的家居品味提示》（*Hints on Household Taste in Furniture, Upholstery and other Details*）一书在英国和美国影响深远，成为 19 世纪末的建筑设计指南。美国维多利亚时期流行的斯蒂克风格（Stick）和美国安妮女王风格（American Queen Anne）被认为是缩小版的伊斯特莱克风格，特别表现在门廊柱、栏杆、屋檐板和各种悬饰之上。1866—1877 年期间，伊斯特莱克担任英国皇家建筑师协会（Royal Institute of British Architects）秘书，1878—1898 年期间，从其伯父手上接管英国国家美术馆（National Gallery）。

◆ 弗瑞斯的作品

◆ 格雷姆肖的作品

2. 建筑特征

（1）布局

维多利亚式建筑包含了意大利式、哥特复兴式、安妮女王式、民间维多利亚式、板式、木结构式、第二帝国式、罗马式、伊斯特莱克式和八角形式等。这里列举一些常见和主要的建筑特征。大部分维多利亚风格的居住建筑面积不大，且基本呈非对称平面。为了使建筑引人注目，就必须在高度上面做文章，因此通常建有三层楼，并且带有一个全尺寸的地下室。

（2）屋顶

大多数维多利亚房屋都有一个城堡式的塔楼或者角楼，尖耸的角楼与高低错落的屋顶使得房屋外立面变化多端。砖砌的烟囱比较细长，经常出现多个。

（3）外墙

为了营造出别具一格的装饰效果，房屋外墙上往往会出现来自意大利式的卵锚饰（Egg-and-Dart）装饰线条、哥特复兴式的饰带与安妮女王式的图形等。为了强化效果，这些白色的装饰线条通常与墙面的浅色形成对比。就像平面布局一样，房屋也会呈现出千姿百态的外观。

（4）门窗

八角凸窗是维多利亚房屋的一大普遍特色。入户镶板木门都有一个装饰华丽的门廊，大门通常镶嵌大量拼贴精美图案的彩色玻璃，有玻璃门楣和玻璃侧窗。

◆ 玻璃门局部

◆ 入户门

3. 室内元素

（1）墙面

自 19 世纪 40 年代开始，工厂为满足家庭装饰需求而批量生产成卷的壁纸。1877 年推出了一种专用于挡椅线以下墙面的彩色烤花壁纸（Lincrusta），10 年后又出现了一种仿木纹图案浮雕壁纸（Anaglypta）。维多利亚时期流行的壁纸还包括仿革壁纸（Leather Paper）和呈条状的绒毛壁纸（Frieze Paper）。

维多利亚风格的墙面不再采用粉饰而是广泛使用花卉图案的壁纸掩饰起来，如天鹅绒般质感的壁纸很受欢迎；常见图案包括花卉、鸟类、日本图案和壁画效果图案等。这个时期最受欢迎的壁纸图案以威廉·莫里斯（William Morris, 1834—1896）设计的图案为主题，印在水丝绸纸（Water Silk Paper）上，包括花卉、鸟类和动物等。

维多利亚时期的门厅、书房和餐厅通常采用经过擦深褐色清漆处理的镶板墙面。客厅（Drawing Room）和女主人的卧室被视作女士社交活动的场所，墙面往往铺贴浅暖色调的壁纸。

维多利亚时期的墙面仍然划分为经典的三段式：地面至墙裙或者挡椅线段、墙裙或者挡椅线至挂镜线或者楣梁水平段，以及楣梁（包括檐口）至顶棚段。白色或樱桃木顶角线是维多利亚时期的装饰特征。

（2）地面

维多利亚时期的普通家庭地面通常采用朴实的松木地板，擦色后用蜂蜡和松脂进行抛光处理，然后在其上铺小块地毯。呈几何图形铺贴的镶木地板（Parquetry）常用作中心地毯的边界。深色的樱桃木地板特别适合维多利亚风格、常用的木板材料包括橡木、枫木、樱桃木、白蜡木、桦木、巴西樱桃木和胡桃木。

1863 年由英国人弗雷德里克·沃尔顿（Frederick Walton, 1834—1928）发明的油毡（Linoleum）是一项工业革命带来的新材料。耐用的油毡代替了铺地织物，并且因其可以模仿一些自然材质的肌理效果而得到广泛应用。

铺成几何图形的彩砖（Encaustic Tile）常用于门厅地面。石板（Stone Flag）或者红缸砖（Quarry Tile）则主要用于厨房。

（3）顶棚

维多利亚时期富裕家庭的顶棚常常运用丰富多彩的石膏浮雕装饰与精巧的檐口装饰，石膏图案包括垂花饰、罗纹、花卉和花彩等，灯具悬吊的中心部位往往饰以复杂的玫瑰花形或者徽章形图案的石膏浮雕。普通家庭的顶棚则饰以朴实的檐口顶角线与简单的玫瑰花形或者徽章形石膏浮雕。

1856 年法国人 L.A. 迪萨奇（Leonard Alexander Desachy）申请了运用帆布作为加强筋的纤维石膏（Fibrous Plaster）的专利。从此，维多利亚风格顶棚开始大量应用大块预制石膏板来装饰顶棚，而且所有复杂的檐口、玫瑰花形和徽章形石膏浮雕等均应用此项技术来预制。混凝纸（Papier mache）合成物经常用作预制石膏的代替品。浮雕壁纸（Anaglypta）因其丰富的肌理效果而常用来装饰顶棚并取代较贵的纤维石膏。

（4）门窗

随着玻璃制造技术的发展，窗户的玻璃尺寸越来越大，玻璃格条变得越来越少，最后单块玻璃窗户在维多利亚时期成为主流。1851 年英国废止了房屋窗户税，提高了窗户的开启面积和玻璃的使用量，也造成凸窗（Bay Window）的盛行。维多利亚彩色玻璃既被认为是一种艺术玻璃窗，也被认为是一种窗户处理方式。

上下推拉窗（Sash Window）在维多利亚时期得到广泛应用。平开窗（Casement）通常用于哥特式（Gothic-style）的尖拱窗或者都铎风格（Tudor）的平头窗。

维多利亚时期比较豪华或者重要房间的室内门楣上方通常饰以檐口或者山形墙，朴实的室内门只是简单的四扇或者六扇镶板实木门，如果采用都铎式样（Tudor Style）的室内门则用多扇镶板实木门。维多利亚风格木门仍然采用传统的框与板（Frame-and-panel）结构。

（5）楼梯

维多利亚时期的楼梯因为房屋空间的缩小而变得十分紧凑、曲折，采用的木材因成本控制而常用软木。栏杆随着车削技术的提高变得越来越复杂，特别是栏杆柱不仅高大醒目，而且充满装饰线条和雕刻。富裕家庭经常采用石材或者大理石楼梯，配以繁复的铸铁栏杆与抛光桃花心木扶手。

早期维多利亚风格木质栏杆一般表现为简单的正方形截面，后来逐渐出现各种精美的车削栏杆柱和栏杆支柱。普通家庭大多应用松木栏杆擦褐色清漆并绘以木纹，来模仿桃花心木或者橡木的肌理效果。无论家庭条件如何，扶手均以抛光的硬木材质为主。

为了应对日益缩小的居住空间，维多利亚时期最引人注目的当属铸铁螺旋楼梯，通过踏板与中心支柱连接而成，而栏杆与扶手将踏板和踢板联成一体。栏杆和扶手造型大多为简洁的直线型，其中有些栏杆呈麻花拧状或者中间带笼形饰物的麻花拧，还有些栏杆之间饰以花形饰物。

（6）橱柜

维多利亚风格的橱柜通常通体漆成白色。吊柜较高并接触顶棚，如果顶棚更高则在吊柜上再增加一排顶柜来填补空缺，柜门包括实心门和玻璃门两种。地柜台面材料包括擦浅棕色后清漆处理的厚实木板或者大理石。

（7）五金

维多利亚风格最有特色的把手呈纽扣形，其表面饰以丰富的浮雕图案，材质大多为黄铜；还有一种花蕾形的把手则采用透明玻璃或者彩色玻璃；此外黄铜材质的蘑菇形把手和头巾形拉手也比较普遍。

◆ 把手

◆ 拉手

（8）壁炉

维多利亚时期壁炉几乎成为每个房间的必备品，基本由铸铁炉栅与大理石、石板或者木质壁炉架和边饰组成。维多利亚风格壁炉架与之前所有古典壁炉架的最大区别在于其炉膛的开口大多呈拱形，并且常常在拱顶饰以拱心石（Keystone）形式。

中期维多利亚风格壁炉通常会有一个由釉面瓷砖镶贴壁炉口周边、外面用一个精致的笼形木结构框架与壁炉架台板和镜框相接，并且继续上升与顶角线接触。后来又流行大理石雕刻的壁炉架台板，并在其上饰以葡萄藤浮雕。维多利亚时期的壁炉口通常为圆拱形。

晚期维多利亚风格壁炉上方的饰架带有一块或者多块镜框与复杂排列的柱式形成一个整体，其间的搁架成为展示饰品的最佳平台。维多利亚时期壁炉罩与同期其他装饰风格的壁炉罩类似，常见孔雀开屏或者中国折扇打开的造型；这是一种采用黄铜制造并可折叠的壁炉罩。

◆ 壁炉罩

◆ 大理石壁炉

◆ 铸铁壁炉

◆ 铸铁壁炉

◆ 木质壁炉

（9）色彩

维多利亚时期的色彩整体偏深暗，仅局部出现鲜艳色彩。最受欢迎的红色包含了维多利亚玫瑰红（Victorian Rose）—— 一种暗淡的深粉红色，维多利亚紫（Victorian Mauve）—— 一种很深的灰紫色，酒红色——深紫红色，灰褐色——呈褐色的灰，以及雪松锈色——橘黄褐色。其次，受欢迎的绿色涵盖了斯图尔特绿（Stuart Green）—— 一种亮深绿色或者黄绿色，深橄榄绿——近似于暗绿色，灰绿色——一种暗淡的深灰绿色，以及各种蓝绿色。此外，还有一种称作烟褐色（Tobacco Brown）的深褐色也十分常见。

维多利亚风格的色彩温和而又克制，主要组合包括：白色＋金色＋灰色＋粉红色，深红色＋绿色＋褐色＋土黄色，深浅紫色＋紫红色＋品红色。维多利亚早期色调比较淡雅，也更活泼，特别体现在哥特复兴式上；随着色调变得越来越浓重、沉闷、浑浊和暗淡，维多利亚晚期色调比早期色调显得更加深沉，比如深棕色、墨绿色、深紫色、紫红色和橄榄绿等，因此，维多利亚晚期也常被称之为“棕色年代”（Brown Decades）。事实上，采用深色调在很大程度上是因为人们想掩饰当时应用汽灯和油灯所产生的油烟和尘垢。

在热情好客的维多利亚时代，人们总是把招待客人的房间装饰得更加时尚、炫耀、引人注目并且无拘无束。这些房间通常饰以更华丽的织品和更丰富的色彩。

（10）图案

晚期维多利亚风格以英国工艺美术运动的领军人物——威廉·莫里斯（William Morris，1834—1896）设计的壁纸和布料的花色、图案最具代表性。典型的维多利亚风格图案包括条纹、花卉、斑点和小圆点等。

维多利亚风格典型图案的灵感往往来自于大自然，比如花卉、葡萄、树木、蜂鸟、蝴蝶和蜻蜓等，其异域文化的特质则来自于东方艺术、中东艺术和非洲艺术等。

4. 软装要素

（1）家具

维多利亚风格家具无论设计与制造均十分重视舒适性，这是家具史上第一次把消费者愿望摆在首位的设计。没有一种单一式样能够主宰这个时期的家居风格，设计师们肆无忌惮地从历史各个时期的家具式样中抽取片段并拼凑出一种哗众取宠的新式样。早期维多利亚风格家具严肃、壮观、丰满、华丽、厚重和繁琐，仅在俱乐部与餐厅才能够感受到一丝男性的气息。

受英国工艺美术运动和唯美主义运动的影响，晚期维多利亚风格家具表现以直线型为主，软垫座套相对减少，工艺上彩绘装饰比雕刻更受欢迎。伊斯特莱克设计的家具牢固、朴素、实用，很少装饰，仅从哥特式、中世纪和东方家具中借鉴了一点古典元素。1853 年随着日本贸易线的开通，来自日本的传统工艺与装饰图案在晚期维多利亚风格家具身上留下了如日式彩绘透雕细工镶板与模仿竹竿的特征。

哥特复兴式（Gothic Revival）和洛可可复兴式（Rococo Revival）家具是维多利亚时期的主要家具式样，其中以四柱床、脚凳、贵妃椅和各式扶手椅为代表，座套通常以天鹅绒装饰，常饰以穗边。这个时期出现的新式家具是形状如雪橇的雪橇床；黄铜床具是维多利亚时期最受欢迎的床具之一。

维多利亚风格家具外观特征包括厚重而深色的木材、布满繁复雕刻、表面加强光泽和雕刻丰富的轮廓线等，雕刻以涡卷形、树叶和葡萄图形为主，常见兽爪桌椅脚和大理石台面。

为了凸显主人的财富，维多利亚风格家具刻意夸张了其整体的尺寸和份量，同时也在擦色的桃花心木和红木表面采用高光漆处理。曾经应用于室外花园的铁艺家具在维多利亚早期经常出现于温室和卧室，铁艺家具往往被漆成白色。

◆ 餐椅

◆ 扶手椅

◆ 扶手椅

◆ 安妮女王式餐椅

◆ 休闲椅

◆ 模印餐椅

◆ 温莎椅

◆ 交叉凳

◆ 茶几

◆ 铁艺长椅

◆ 沙发

◆ 沙发

◆ 贵妃椅

◆ 贵妃椅

◆ 软垫长凳

◆ 脚凳

◆ 餐桌

◆ 小圆桌

◆ 边几

◆ 床头柜

◆ 梳妆台

◆ 床具

◆ 黄铜床具

（2）灯饰

灯饰式样吸收了来自哥特（Gothic）、都铎（Tudor）、伊丽莎白一世（Elizabeth Ⅰ）时期以及法国新艺术风格（Art Nouveau）的元素，灯具装饰繁复、华丽而花哨。类型包括锻铁或者黄铜材质的台灯、枝形吊灯和壁灯；其水晶灯具的杆件材料包括黄铜、红黄铜、黄铜镀镍、青铜、铁、粗锌、花岗岩、大理石、缟玛瑙和板岩等；枝形吊灯常饰以花卉、棱镜或者压型玻璃。

直至维多利亚时期，油灯开始代替蜡烛进入千家万户，不过早期的油灯会产生浓烟且光线模糊。创建于 1908 年的阿拉丁工业公司出品的阿拉丁台灯（Aladdin Lamp）的煤油灯，因其无烟、无味和稳定的优点而成为 19—20 世纪之交广为流行的灯具之一，它由玻璃烟囱、玻璃油罐与黄铜或者镀镍基座所组成。

诞生于 1895 年的蒂芬尼（Tiffany）灯具是维多利亚风格中最具标志性的灯饰，通常以葡萄藤和花卉缠绕其基座，灯罩常常出现几何图案。此外，还常见磨砂玻璃灯罩、带蕾丝边布料灯罩、姜罐陶瓷或者彩绘瓷灯罩的台灯。以绿色玻璃灯罩与黄铜基座为特点的银行家台灯（Banker' s Lamp）最早出现于 17 世纪初，在维多利亚时期流行蒂芬尼版的银行家台灯带彩色玻璃灯罩。

19 世纪末电灯出现之前，照明主要依靠枝形吊灯、壁灯、烛台、汽灯和油灯；电灯出现之后为了柔化强烈灯光造成的刺眼阴影，各式各样的灯罩开始成为重要的装饰元素，维多利亚时期的女士们为了美化她们的台灯展现了娴熟的刺绣手艺。

◆ 黄铜吊灯

◆ 黄铜吊灯

◆ 壁灯

◆ 壁灯

◆ 油灯式桌台灯

◆ 桌台灯

◆ 蒂芬尼桌台灯

◆ 桌台灯

（3）窗饰

维多利亚风格窗帘式样变化多端，美观、透光又有私密性。长及地面的蕾丝窗帘适合于客厅，用缎带向后扎起，顶部蕾丝呈围巾状垂下；厨房里的短蕾丝窗帘像半截帘一样穿过窗帘杆。维多利亚风格家庭里的蕾丝窗帘可以应用在卧室、儿童房、餐厅和浴室。

对于比较正式的维多利亚风格，其窗户会采用较厚且色彩柔和的丝绸或者棉布作为面料。它们通常长及地面，并且运用蕾丝或者薄纱与棉布结合。锦缎和天鹅绒常用作衬里或者夹层，棉布则很少。窗户顶部涡卷形、扇贝形或者镀金的帷幔通常采用天鹅绒或者蕾丝制作。

对于正统的维多利亚风格，其窗户通常饰以厚重的窗帘盒，窗帘式样繁复，常见单色的天鹅绒帷帘、浮花织锦和多层蕾丝窗帘等。窗帘布料多为深色系列，如紫红色、紫褐色、淡紫色、暗粉色和墨绿色等。为增加华丽感，窗帘常用丝绸或者羊毛做衬里，并且常常以流苏、刺绣和贴花饰边。窗帘扎起后通常采用珠宝装饰的金属锚钩固定起来。

◆ 窗帘

（4）床饰

维多利亚风格床饰以高雅、豪华、迷人和温馨著称，营造出舒适感和放松感。一套完整的维多利亚床品几乎涵盖了所有传统床品的内容，包括装饰性枕头和床罩、床单和床裙等一应俱全。其中枕头包括 3 个大号方形花边枕头、2 个标准方形花边枕头、3 个装饰枕头和 1 个长枕或者闺枕。华丽的天鹅绒面料上通常饰以刺绣，刺绣图案常见佩斯利（Paisley）涡纹或者花卉。维多利亚风格的枕头边缘常用皱褶、吊穗、流苏和锁绳边来装饰，它们充斥着卧室的每个角落。

典型的维多利亚织物包括天鹅绒、锦缎、提花织品、棉布和蕾丝，其中以天鹅绒最受欢迎。花色也以比较深沉、成熟的暖色调为主。印花棉布的图案常见大马士革花纹（Damask）、玫瑰花和花束，其中以盛开的西洋玫瑰（Cabbage Rose）最为常见。

（5）靠枕

靠枕在维多利亚时期的家庭应用极其普遍，而且种类繁多，式样各异。特别是带有东方特色的花卉刺绣靠枕尤受欢迎。维多利亚靠枕讲究柔软度和舒适感，面料多半为白色或者褐色，表面饰以各种花卉或者小树枝图案，边饰包括串珠、流苏、蕾丝和丝带。

靠枕如此重要，以至于没有靠枕的房间被认为不是一个完整的维多利亚风格房间。靠枕面料包括织锦、天鹅绒、提花布和亚麻等。

◆ 靠枕

◆ 靠枕

（6）地毯

地毯在维多利亚风格室内装饰当中举足轻重，往往作为一个房间的视觉起点，同时也是视觉焦点。维多利亚风格的地毯颜色由早期带女人味的雅致和轻柔逐渐转变到晚期带男人味的庄严和深暗。维多利亚前半期常用于重要部位的浅色大块东方地毯颜色暗淡，后半期开始出现亮丽色彩，如蓝色或者异乎寻常色彩的地毯。地毯边缘通常饰以花卉图案，有些设计充满着浪漫的情调，还有些设计则散发出古典的优雅。当时的地毯大多来自于亚洲（包括土耳其和阿富汗）和埃及，人们统称之为“波斯地毯”（Persian Carpet）。比较富裕的家庭常用诞生于 1845 年的亚历山大·史密斯与儿子地毯公司（Alexander Smith & Sons’ Carpet Co.）出品的维多利亚地毯。

维多利亚时期还出现一种印上仿地毯、镶木地板或者瓷砖图案的铺地织物（Floorcloth），作为地毯的廉价代替品，常应用于不显眼的地方（如后楼梯）。印制图案还包括几何图形与花卉。它也被称作“油布”（Oilcloth），是一种手工印制的帆布地毯。

◆ 地毯

（7）墙饰

没有哪个时代比维多利亚时代对传统更富有激情，它们通过摆在显著位置的肖像画、模型、剪影和黑白摄影等来提示家庭关系的重要性，从而导致纪念品的流行，比如马盖特（Margate）镇纸、埃菲尔铁塔模型和小威利的一撮头发等。

大量的肖像画和风景题材的油画组合装饰着重要房间，相框通常涂金装饰。维多利亚时期的绘画基本分为两大类：一种描绘上流社会生活的理想主义艺术，另一种刻画下层社会生活的现实主义艺术。当时的画框内容已不局限于油画，而是包括了其他形式的艺术品、相片或者刺绣等。画框的材料与镜框材料一样，包括人造革（Leatherette）、蛋壳纸板（Eggshell Board）、赛璐珞（Celluloid）、仿象牙材质（Ivorine）和刺绣缎面等。

为了显示重要的建筑构件、一件昂贵的艺术品或者窗外的景致等，维多利亚风格镜框往往置于比较精心安排的位置。女士们开始注重着装打扮，随处可见的镜子自然必不可少，镜框通常饰以刺绣、丝带或者贝壳等，或者在其上进行彩绘。

由于摄影艺术的普及，很多维多利亚家庭开始应用相框作为墙饰内容。常见方形外框配椭圆形内框，或者内、外框均为方形的相框，或者圆形相框等。除此之外，由法国艺术评论家阿森纳·亚历山大（Arsene Alexandre, 1859—1937）出品的杂志上反映 19 世纪的高尔夫球及其场景，以及反映 18—19 世纪时装的法国海报在维多利亚时期风靡一时，成为当时家庭墙饰的一大特色。

维多利亚时期另一个重要的墙饰是挂钟，大多采用胡桃木制作外壳，造型从圆形到长方形不等，表面布满浮雕和雕刻。长方形挂钟的顶端通常为山形墙造型，两侧各有一根立柱形雕刻，底部为木雕托架，中间镶嵌玻璃显示摆锤和钟面。还有一种常见的挂钟是由上部圆形钟面与下部长方形摆锤箱的结合体。

◆ 剪影

◆ 挂钟

◆ 装饰画

◆ 装饰画

◆ 装饰画

（8）桌饰

维多利亚时期是一个女士们热衷参与装饰自己家庭的时期，家庭的每个桌面和搁板均摆满了反映主人兴趣、爱好与愿望的饰品，它们包括装饰性托盘、杯子、碟子、枝形大烛台、瓷质小塑像、相框、书籍和玻璃器皿等。

通常置于壁炉架中央的座钟，也称作壁炉架钟，是维多利亚风格家庭装饰的必需品。诞生于 1926 年的霍华德·米勒时钟公司（Howard Miller Clock Co.）出品的挂钟和座钟流行于维多利亚晚期。此外，壁炉架上还经常展示布里斯托尔玻璃烛台（Bristol Glass）、塞夫勒花瓶（Sevres Vase）、陶瓷雕像（Bisque Figure）等。

◆ 拨盘式电话机

◆ 烛台

◆ 烛台

◆ 银器

◆ 银器

◆ 相框

◆ 座钟

（9）花艺

花艺在维多利亚时期被视之为一种时髦。典型的维多利亚风格花艺的尺寸比较庞大，呈紧凑式非对称插花造型，整体呈球状。五花八门的造型和各式各样的花材在这个时期争奇斗艳，各领风骚，毫无章法。不过到了维多利亚晚期，花艺开始成为由专业的花艺设计师创作的一件艺术作品；人们开始运用花的语言来表达情感与情景。

维多利亚早期的花艺受法国影响较深，呈现出更轻松和开放的造型，也表现出更多深浅花色的组合搭配；中期的花艺介于随意与严谨之间，运用很多不同的花色；晚期的花艺则比较沉闷且生硬，成为精心制作的一个花丛。

常用的花材包括荷包牡丹属、蒲包花、菊花、瓜叶菊、大丽花、蕨叶、毛地黄、小苍兰、倒挂金钟属、栀子花、天芥菜属、缎花、绣球花、茉莉花、丁香花、西番莲、牡丹、蛾蝶花、千金子藤属、新芽、香豌豆花、胡须瞿麦、夜来香、马鞭草和紫罗兰等。棕榈树也常见于维多利亚时期的家庭室内。

维多利亚时期各式各样的玻璃、陶质、瓷质、银质和雪花石膏等材质的花器充斥市场，包括高脚盘、有足的喇叭、多层果盘、罐子、羊角和高跟靴子等造型层出不穷。

◆ 花瓶

◆ 花瓶

◆ 花艺

（10）餐饰

在维多利亚时期，人们把餐饰当作创作一件艺术品来看待。这是女主人展示她们所收藏的瓷器、银器、高脚玻璃器皿和餐桌中心装饰物的大好机会。白色亚麻、蕾丝和棉桌布普遍应用于维多利亚时期的家庭餐厅，一盆精心制作的花艺与银质花盆或者花瓶搭配，既是餐桌的中心，也占据了大部分的餐桌。此外，银器也是维多利亚餐饰的另一大亮点，名目繁多、琳琅满目的银器数不胜数。

通常汤碗放在餐盘的最上面，餐盘的左侧分别摆主菜叉、生菜叉和折叠的餐巾，右侧放餐刀（注意刀锋朝内）和汤勺。随着餐饰的正式程度或者主菜内容的变化，餐盘左边还可以增加甜点叉，右边也可以增加鱼刀或者黄油刀。餐盘的左上方安排葡萄酒杯、香槟酒杯和水杯。在餐桌的四角各放一个水壶或者玻璃水瓶，每个座位之间摆一个盐碟。

维多利亚时期主人比较在意客人们如何评价所使用的餐具，因此主人选择餐具、银器和高脚玻璃器皿的标准也高于以往任何时期，这时的主人并非皇室贵族，而是新兴的中产阶级。商人们提供了大量的产品来满足市场的需要，例如瓷器品牌——诞生于 1826 年的海伦德瓷器厂（Herend Porcelain Manufactory），高脚玻璃器皿品牌——蒂芬尼公司（Tiffany & Co.），银器品牌——华莱士银匠（Wallace Silversmiths）和诞生于 1902 年的朗特银匠（Lunt Silversmiths）。

◆ 银器

◆ 酒杯

◆ 瓷盘

◆ 茶壶

◆ 咖啡壶

第七章 | chapter 7

美国工匠风格

Craftsman Style

1、起源简介

（1）背景

大约在 1860—1925 年期间，英国发起的工艺美术运动（The Arts and Crafts）打出了反对维多利亚风格繁琐复杂的造型以及拒绝工业革命带来过量机械化生产廉价产品的旗帜，其中以画家、艺术家兼设计师——威廉·莫里斯（William Morris, 1834—1896）和作家、批评家兼社会活动家——约翰·拉斯金（John Ruskin, 1819—1900）为代表的一批先锋人物提出了一种全新的设计理念：诚实的工艺、自然的材料、简洁的造型与和谐的生活。

工艺美术（Arts and Crafts）一词创造于 1888 年，工艺美术运动的影响在 1890—1910 年期间达到高潮。工艺美术运动不仅仅推出了一种全新的装饰风格，它提倡和鼓吹的是一种态度明确的人生哲学和审美标准。这种新的生活准则是：轻松舒适、回归自然、便于打理和家庭亲情，它带给普通家庭一幅崭新的和睦相处生活景象，这与维多利亚时期的过分繁琐装饰和工业革命带来的劣质产品泛滥使得人们渴望更轻松随意的生活方式有关。

工艺美术运动与晚期维多利亚（Victorian），包括伊斯特莱克式（Eastlake）与哥特复兴式（Gothic Revival），几乎同期并存。它是连接 19 世纪 90 年代盛行的新艺术风格（Art Nouveau）与 20 世纪 20—30 年代风靡一时的装饰派艺术风格（Art Deco）之间的一座桥梁。另一场与工艺美术运动同源的品位与装饰改革运动 - 美学运动（Aesthetic）出现于 19 世纪 70 年代，美与技艺是其核心原则。美学运动注重从异国式样和形式中汲取创作养分，并且从富裕人士那里得到了财力支持。

工艺美术运动后来传至美国并于 19 世纪末在新大陆传播开来。美国家具设计师古斯塔夫·斯蒂克利（Gustav Stickley, 1858—1942）深受其影响，从而创造出了一种称之为“工匠风格”（Craftsman Style）的家具式样，同时在其创办的杂志《工匠》上发表作品，美国工匠风格由此而诞生，也被称之为“美国工艺美术风格”。工匠风格家具成为美国家具史上第一款对于世界家具设计与制作均影响深远的家具式样。

工匠风格家具只是工艺美术运动开创者设想生活方式的具体表现形式。这场运动试图将家庭从拥挤而繁复的维多利亚式生活方式中解脱出来。空间、舒适、回归自然，以及易于打理、注重家庭生活，都是工艺美术运动所提倡的生活准则。工匠风格希望带给人们一个没有佣人照料仍然可以享受放松与亲情的家庭。

在 20 世纪早期，出现了一种源自于美国西部加利福尼亚州和西南地区的西班牙传教区家具式样，被称作传教士家具（Mission Furniture），其直线型造型与工匠风格家具式样异曲同工、不谋而合，以至于人们很难将两者区分开来。由约瑟夫·麦克休（Joseph P. McHugh, 1854—1916）创造的传教士家具早于工匠风格家具出现。尽管斯蒂克利本人否认，但是工匠风格家具大量借鉴和借用了传教士家具的特点，使得两者在外观上无明显差别。

早期的传教士家具比较厚重和笨拙，后来逐渐改良成为今天简洁和轻巧的式样。结合西班牙自身的原始哥特（Gothic）遗产与墨西哥印第安人-阿兹台克人（Aztec）传统文化，根据旧墨西哥当地的自然条件，传教士家具逐步发展成为一种全直线型的家具。传教士家具后来受到工艺美术运动思潮的影响而逐渐演变成为工匠风格的组成部分。

工匠风格住宅相对于19世纪末的大部分住宅来说属于小型住宅，平面布局紧凑，采用本地材料来充分满足人们的生活方式；其中最为著名的是兴起于20世纪早期被称作邦格楼（Bungalow）的单层小屋，因其建筑理念源自于亚洲孟加拉国（Bengal）的低矮建筑与门廊环绕而得名。加利福尼亚州的邦格楼融合了工匠风格与传教士风格的建筑特征，工匠风格家具与传教士家具随着邦格楼住宅的兴起而被广大消费者喜爱与接受。工匠风格装饰特别适用于简单设计的家居空间。

工匠风格的家居温暖而舒适，通过嵌入式橱柜、手工木作、自然材料、自然采光和自然的色彩取得美妙的平衡关系。这是一次功能与式样的紧密结合，重视与大自然和睦相处的重要性，对于现代主义设计理念有着不可忽视的影响。

美国著名建筑师弗兰克·劳埃德·赖特（Frank Lloyd Wright, 1867—1959）出生于一个传教士家庭，由他所创造的草原风格（Prairie Style）有很大一部分设计理念和哲学思想均源自于传教士风格，其室内设计与传教士风格室内十分近似，比如两者都喜欢设计嵌入式家具和壁柜。由此，草原风格也常被视作工匠风格的组成部分。

20世纪80年代，工匠风格家具重新获得人们的青睐，至今仍然有不少工匠风格的粉丝遍布全球。今天的传教士家具与工匠风格家具并存于市场，不过传教士家具更适合于小空间公寓，而且它与美式田园风格、东方风格甚至现代风格都能够相处融洽。

（2）人物

◆威廉·莫里斯（William Morris, 1834—1896）。英国工艺美术运动的发起人之一，也是家具设计师、壁纸设计师、纺织品设计师、插图画家、作家、诗人、艺术家和中世纪史专家，同时还是英国社会主义运动的发起人之一。莫里斯与1848年成立的前拉斐尔派兄弟会（Pre-Raphaelite Brotherhood）关系紧密，帮助创立"保护古建筑协会"（Society for the Protection of Ancient Buildings），1891年创办了自己的柯姆史考特出版社（Kelmscott Press）。莫里斯一生偏爱中世纪纺织品，设计了无数带有中世纪色彩与图形的壁纸和纺织品图样，成为工艺美术风格的标志性装饰图案。

◆约翰·拉斯金（John Ruskin, 1819—1900）。英国作家、艺术家、艺术评论家、艺术赞助人、水彩画家、慈善家兼社会思想家，是前拉斐尔派兄弟会的成员，也是维多利亚时代艺术品位的代言人。拉斯金十分关注环境保护、可持续发展和传统工业，这一思想对于包括威廉·莫里斯在内的工艺美术运动发起人影响深远。拉斯金的绘画作品主题大多以岩石、植物、鸟类、风景、建筑结构和装饰物为主。

◆古斯塔夫·斯蒂克利（Gustav Stickley, 1858—1942）。美国家具制造商、家具设计师、出版商，以及作为英国工艺美术运动延续的美国工匠风格的倡导者。1883年与其兄弟开办了斯蒂克利兄弟公司（Stickley Brothers & Company），后于1901年更名为联合工匠公司（United Crafts），于1903年又更名为工匠作坊（Craftsman Workshops），同时其产品也从家具延伸到纺织品、灯具和金属制品。斯蒂克利为了推广工艺美术理念和工匠风格产品于1901年创办了杂志《工匠》（*The Craftsman*）。代表作品

◆格林尼的根博住宅

◆ 根博住宅大门

为 1904 年生产的工匠风格莫里斯扶手椅（Craftsman Morris Chair）（也被称作传教士莫里斯扶手椅），表达出斯蒂克利对莫里斯的敬意。

◆约瑟夫 · 麦克休（Joseph P. McHugh, 1854—1916）。纽约家具制造商与零售商。因为复制了旧金山斯韦登伯格教堂的椅子而被麦克休命名为“传教士家具”（Mission Furniture）。麦克休于 1898 年前生产的系列传教士家具随着美国工艺美术运动的兴起而使之传遍天下，特别是 1901 年在水牛城（Buffalo）举行的泛美博览会（Pan-American Exposition）上的展示。

◆查尔斯 · 萨姆纳 · 格林尼（Charles Sumner Greene, 1868—1957）。与亨利 · 马瑟 · 格林尼（Henry Mather Greene, 1870-1954）兄弟均为 20 世纪初美国有影响力的建筑师，为美国工艺美术运动主要建筑原型创造出著名的加州邦格楼（Bungalow）单层小屋。代表作品为 1908 年在加州帕萨迪纳市设计的根博住宅（The Gamble House），整个住宅包括家具、灯具和纺织品均为客户量身定制。

◆亨利 · 利昂 · 威尔逊（Henry Leon Wilson）。洛杉矶建筑师，自称为“邦格楼人”（The Bungalow Man），邦格楼建筑式样因其出版的一系列关于邦格楼建筑的书籍而在 20 世纪早期传遍美国。威尔逊的书籍也间接地为工匠风格的传播起到积极的推广作用。

◆ 莫里斯的图案设计

2、建筑特征

（1）布局

工匠风格居住建筑的设计理念深受西班牙传教团建筑和日式审美观的影响。典型的工匠风格住宅通常比较庞大，平面布局复杂。大部分工匠风格住宅采用邦格楼形式，平面布置自由、紧凑而开放，建筑正面往往有一个连接门廊或者与门廊融为一体的前廊。

（2）屋顶

工匠风格的居住建筑大多为缓坡双坡屋顶（Gable Roof）和四坡屋顶（Hip Roof），有时候出现剪双坡屋顶（Jerkinhead Roof）。其带有斜撑的屋檐通常挑出比较远，并且让封檐板、椽尾、梁甚至屋脊顶尖都暴露出来。较陡峭的屋顶往往出现单坡、双坡或者四坡顶的老虎窗。砖砌或者石砌烟囱并不成双成对出现。

（3）外墙

外墙往往安装相互重叠的木质墙面板或者石板，墙面形成等距水平线条。较为简单的处理方式是采用灰泥粉刷墙面。

（4）门窗

入户大门通常具有带顶棚的门廊，大门本身为六块镶板木门，上面三块稍短，往往镶嵌玻璃，而且在玻璃底部有一块连接三块玻璃的带方形托架的小搁板，大门的左右有时候各安装一扇固定玻璃侧窗。窗户大多为双悬窗，窗户的上半部通常分成多个小窗格，而下半部则只有一个大窗格。

◆ 入户门

3、室内元素

（1）墙面

工匠风格采用深色镶板墙面和木作与灰白色的墙面并存，通常镶板墙面高约 1.5m，顶部覆盖木条收口；上部灰白色的墙面延伸至顶棚木线条处结束。如果应用壁纸，其图案往往选择一排树、花卉或者蕨类植物的叶子，同时也经常应用威廉·莫里斯设计的壁纸。

（2）地面

工匠风格的地面通常铺贴擦深色后清漆的实木地板，局部铺上来自土耳其、印度和波斯的小块地毯，或者是运用由莫里斯设计的图案而编织的小块地毯，给以中性占主导的房间增添温暖、舒适和色彩。工匠风格重视与自然的关系，强调应用当地的自然材料，刻意追求木纹与石材的肌理美感。

镶木地板是工匠风格的最爱，而且最好是采用工匠风格木作和家具常用的橡木；其表面进行擦中、深褐色后清漆抛光处理。应用偏深色的赤陶砖或者石板是工匠风格的另一种选择。

（3）顶棚

工匠风格顶棚裸露的平行木梁或者井字木梁与房间之间的方锥形立柱是工匠风格室内装饰的典型特征，其表面经过擦深褐色清漆处理，与室内所有木作保持一致。有时候为了减少制作成本和减轻顶棚厚重感，木梁只是一层示意性的木板或者装饰线条。此外也出现用石砌立柱来支撑箱形木梁（Box Beam）。

为了减轻深褐色的木作带来的沉重感，现代工匠风格也常见将大部分木作漆成白色或者浅色，仅保留局部（比如壁炉）为深褐色，使传统工匠风格的空间感染现代气息。

（4）门窗

工匠风格的窗户表现出现代主义简洁线条的特征：排列有序，组合成行。著名的工匠风格典范——根博住宅（Gamble House）建筑师查尔斯·萨姆纳·格林尼（Charles Sumner Greene，1868—1957）与亨利·马瑟·格林尼（Henry Mather Greene，1870—1954）兄弟的典型窗户式样通常是在一大块玻璃窗格的上方设计一系列小块玻璃窗格。工匠风格的审美趣味常常表现出伊斯兰特色的拱窗，并且大量应用彩色玻璃，使之成为工匠风格窗户的标志性特征。不过后来因为彩色玻璃不够实用而经常被百叶窗取而代之。

工匠风格的木门通常采用源自英国中世纪时期的简单木板结构，以及改良版的乔治风格（Georgian）六扇镶板木门。受美学运动（Aesthetic）的影响，有些工匠风格的木门采用复杂的雕刻或者彩绘。受新艺术风格（Art Nouveau）的影响，含铅的彩色玻璃大量装饰在工匠风格的木门之上。19 世纪晚期出现一种玻璃板安排在三块加长镶板之上的木门成为工匠风格的标志性木门之一。

（5）楼梯

传统工匠风格的楼梯采用全实木打造，整体造型充满男性气质，严谨又稳重，制作工艺精良。其设计重点在于转角柱，转角柱的尺寸相对栏杆比较粗大。有一种工匠风格的楼梯扶手与栏杆以 90 度衔接，形成独特的阶梯形扶手。还有一种工匠风格的楼梯扶手与栏杆平行，与楼梯形成整体，别有一番风味。

与家具式样遥相呼应的工匠风格栏杆式样也是同样严谨、规整、简洁、无装饰，木板条或者方形截面栏杆呈等距排列。稍微复杂一点的栏杆木板应用镂空图形穿透装饰。另一方面，受到来自西班牙殖民风格（Spanish Colonial）和传教士风格（Mission）的影响，有时候整个楼梯与栏杆均采用优雅的铁艺打造。

（6）橱柜

工匠风格的橱柜造型简洁，制作精良，其表面大多经过擦褐色后清漆处理。吊柜比较高并且经常接触顶棚，柜门包括实心门和细分方窗格的玻璃门。地柜台面主要采用黑色大理石。

（7）五金

工匠风格最有代表性的拉手特征为长方形的底板配近似椭圆形的拉环，把手造型包括扁方锥形和蘑菇形。其材质基本采用黑色铸铁或者黄铜。

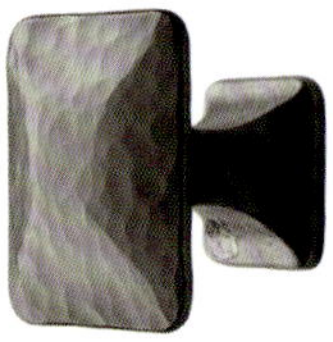

◆ 把手

◆ 拉手

（8）壁炉

◆ 壁炉架

工匠风格壁炉一般采用镶板工艺制作，然后在炉膛周边贴石片或者瓷砖装饰；呈几何造型的壁炉架通常应用本地的石材和木材制作，木质壁炉架往往与其周围的木作——踢脚线、书柜、门窗套、镶板和顶角线等融为一体。最简单的工匠风格壁炉架只是一根两端带梁托或者等距多个梁托的实木梁横过壁炉。工匠风格铸铁壁炉罩的造型以方正的矩形居多，罩面常见三片式样，并且常以直线划分罩面。

◆ 壁炉架

（9）色彩

工匠风格色彩源自于自然，整体色调比较深沉、暗淡，常见米白色、芥末黄、橄榄绿、赤褐色、深蓝色和深红色等。墨绿色的壁纸，宝蓝色、浅粉红色的围毯和床罩等都是工匠风格常见色彩。工匠风格所有的木作均呈相近的深褐色。透过云母玻璃灯罩散发出的金色光影与彩色玻璃的五彩斑斓给相对单调的整体色调增添了一丝鲜活的感觉。

（10）图案

工匠风格的图案以格式化的动、植物形象为主，包括鸟类、玫瑰花、郁金香、向日葵、树木、兔子、蜻蜓、松果、孔雀和鹿。地毯图案通常表现几何图形或者提炼的新艺术风格图形，有时候合二为一。其他图案还包括银杏树叶、树形和带饰边的单色等。

4. 软装要素

（1）家具

工匠风格家具被视为美国传统家具的宝贵遗产之一，整体呈几何造型，大量应用水平与垂直等距平行的线条，几乎无任何装饰；深色皮革和棉布是其常见的软垫面料，家具五金主要采用紫铜、黄铜和锡镴。它强调并注重细木工艺，为了强化直线条、功能与构造往往牺牲多余的装饰。

细木工艺因为采用卯榫结构而变得异常牢固。工匠风格家具的价值主要体现在其木料的品质，因此它只采用美国最好的硬木——主要为橡木。为了突出木纹的美观，工匠风格家具喜欢采用能表现最美木纹的 1/4 径切木板，甚至会用氨水处理来强化木纹。

工匠风格家具种类比较单一，通常客厅布置沙发、扶手椅和咖啡桌，餐厅只安排餐桌、椅，床具造型基本为矩形，边几和壁柜充当抽屉柜和衣柜。最初由威廉 · 莫里斯设计的莫里斯椅（Morris Chair）传入美国并经过斯蒂克利改造之后成为工匠风格标志性的家具。

◆ 莫里斯扶手椅

◆ 餐椅

◆ 扶手椅

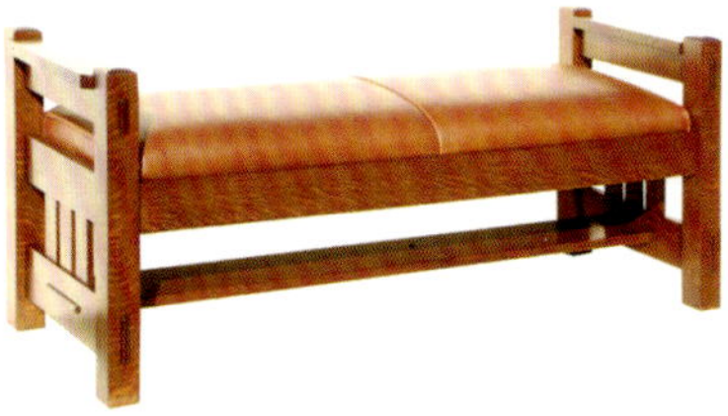

◆ 软垫长凳

◆ 摇椅

◆ 沙发

◆ 餐桌

◆ 圆桌

◆ 沙发桌

◆ 电脑桌

◆ 靠墙桌

◆ 餐边桌

◆ 边几

◆ 边几

◆ 床头柜

◆ 咖啡桌

◆ 床具

◆ 抽屉柜

（2）灯饰

工匠风格灯饰通常造型简洁，包含了平衡、对称与几何构成。锤击而成的贴花、暖色调的玻璃、棕色的云母和绿色的铜锈都是工匠风格灯具的标签。灯罩以平面呈方形或者长方形、正面呈方锥形为其主要特征，很少或者没有装饰细节。

工匠风格的灯饰不仅仅是为了照明，而是给房间带来温暖和舒适，同时也是整体装饰的重要组成部分。其式样包括吊灯、台灯和落地灯；灯罩材料包括用铅条镶嵌玻璃，彩色玻璃、羊皮纸和云母等，有时候也应用布料和纸，甚至出现雪花石膏和皮革等；基座材料包括紫铜、青铜、实木和陶瓷等。壁灯也是工匠风格常见的照明形式。

透过蒂芬尼（Tiffany）灯罩或者云母灯罩发出的微弱灯光十分适合工匠风格家居氛围；采用木材、金属条镶嵌的磨砂或者彩色玻璃灯具则是传教士风格的特征，同样适合于工匠风格。台灯灯罩与窗户上的彩色玻璃相得益彰，台灯木基座与同一空间内的木作遥相呼应。

◆ 吊灯

◆ 吊灯

◆ 吊灯

◆ 台球灯

◆ 吸顶灯

◆ 吊扇灯

◆ 壁灯

◆ 壁灯

◆ 桌台灯

◆ 桌台灯

◆ 桌台灯

（3）窗饰

工匠风格强调应用自然材料，常用织品包括以象牙色、淡褐色或者中性色彩为主的棉布、亚麻布、粗麻布、竹子或者羊毛，此外还包括混纺的平纹棉麻织物和亚麻与黄麻混纺的帆布。这些织品通常应用于沙发、椅子的座套和简单的窗帘。用于窗帘的布料注重透光性，薄亚麻布、素白布和平纹细布都能满足保护隐私与透光的需求。手工贴花、刺绣的罂粟花或者银杏树叶图案常常出现于不透光的饰边布料上。

传统工匠风格的薄纱帘通常缝制隐藏式背带、背环或者套管与黄铜、紫铜、铁艺窗帘杆搭配，如果只是一块简单的窗帘布料，则与黄铜窗帘圈或者窗帘钩搭配。工匠风格窗帘的常见式样包括半截帘、全长帘和门帘。

蕾丝钩针窗帘的中心部分往往没有内容，只在其底边饰以松果、野兔、银杏叶、玫瑰花或者树林等图案收边。

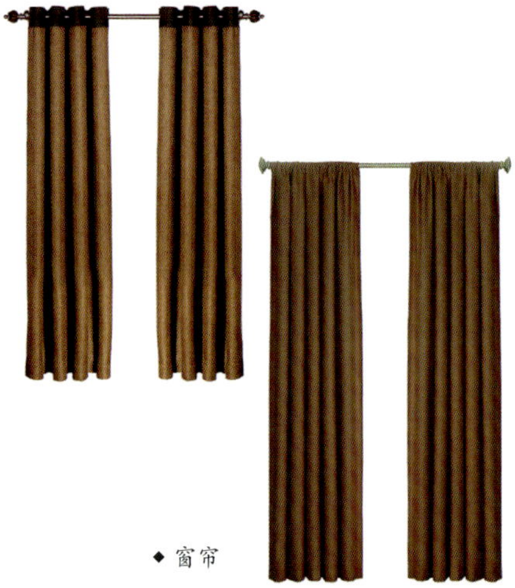

◆ 窗帘

（4）床饰

混纺的平纹棉麻织物和亚麻、黄麻混纺的帆布常用于制作工匠风格的床罩。在床罩的正中央、四角或者四边部位通常饰以蜻蜓、银杏叶或者罂粟花等图案。工匠风格的床品种类控制严格，注重实用性，绝无奢华、富贵之风。

床饰简单、实用，没有床罩、床幔和床裙等传统床饰，很多时候只有枕头 + 床单。有时候利用加长的床单折成枕塞，从而省略了枕套的使用。其床单从床沿垂下离地约 10 cm，或者刚刚接触地面。枕套、床罩和床单色调基本以米白色、芥末黄、橄榄绿和赤褐色为主。

（5）靠枕

采用威廉 · 莫里斯设计的生命之树（Tree of Life）和苹果树（Apple Tree）图案编织的靠枕套是工匠风格靠枕的代表。典型的工匠风格靠枕通常采用混纺的平纹棉麻织物和亚麻与黄麻混纺的帆布制作枕套，基本色调为米白色、橄榄绿和少量芥末黄，并且没有任何边缘装饰物。

◆ 靠枕

（6）地毯

威廉·莫里斯是维多利亚时期公认最伟大的纺织品图案设计师，其最著名的地毯图案设计包括郁金香与百合花（Tulip & Lily）、花环（The Wreath）、金银花（Honeysuckle）、玫瑰花（Rose）、柳树与郁金香（Willow & Tulip）、罂粟花（Poppy）、莨菪叶（Acanthus）、卷心菜与葡萄树（Cabbage & Vine）等。采用手工编织莫里斯图案的地毯成为工匠风格的地毯首选。

除了采用莫里斯图案编织的小块地毯，工匠风格也大量应用设计简洁、基本色调单纯柔和、仅在边沿部分饰以松树、橡果、蓟和银杏叶等图案的土耳其、印度或中国地毯，材料经常采用剑麻纤维和椰壳粗纤维。

◆ 地毯

（7）墙饰

受斯蒂克利建议的影响，很多工匠风格家庭喜欢将印第安纳瓦霍毛毯（Navajo Blanket）悬挂在墙上，因为纳瓦霍地毯刚劲的几何形图案与工匠风格家具简洁的直线条造型能取得协调、相辅相成。

工匠风格家庭的墙壁上常常饰以手工制作的方形木质镜框。色调暗淡的风景油画是工匠风格墙饰的亮点，内容主要以幽静的森林和平静的海岸为主题。

◆ 镜框

◆ 装饰画

（8）桌饰

工匠风格信奉简约的生活态度，崇尚整洁的生活环境；故桌饰种类非常有限。常见桌饰主要为手工制作的单色釉面陶器，表面通常饰以浮雕状的花卉、植物、鸟类或者昆虫图形。陶器作为艺术品大多点缀在壁炉架和边几之上，也是空间色彩的主要来源之一；它们往往呈高低错落状被安排在壁炉架或者搁板之上，也经常摆放在咖啡桌或者书桌之上。

此外，手工制作的方形、矩形或者梯形木质座钟几乎成为每个壁炉架上的必需饰品。绿色的陶质烛台造型简洁、朴实，侧边往往带有一个类似于杯把手的圆环形把手。对于注重个人内心修炼的主人来说，书籍当然也是最佳的桌饰品。

◆ 烛台

◆ 座钟

◆ 座钟

◆ 座钟

◆ 托盘

◆ 烛台

（9）花艺

在工匠风格中，尽管花卉图案大量出现在纺织品和陶器之上，但却很少应用真实的花艺来装饰居住空间，尤其是色泽鲜艳的花卉或者植物；不过色泽平淡的干燥花或者枯树枝倒经常插在陶质花瓶中。现在喜欢工匠风格的人经常选择色彩鲜艳的郁金香放在咖啡桌或者餐桌中间，让严谨、内敛甚至有些沉闷的空间稍微增添一点活力。

◆ 花瓶

◆ 瓷盘

（10）餐饰

传统工匠风格的餐桌采用几块米白色的锦缎桌巾，横跨餐桌的纵横两个方向，从而保证每个餐位均有桌巾在其餐盘下。在餐桌的正中央，往往摆放一束插在陶瓷或者玻璃花器中的花卉，花卉的两侧各有一盏烛台。工匠风格的餐巾与餐垫往往配套出售，这样就可拥有相同的亚麻材质和蜻蜓、银杏叶或者罂粟花等图案。

工匠风格的餐具保持简洁和实用的原则，整体视觉效果素雅朴实，但是不能出现任何陈旧、磨损的痕迹。陶质餐盘色彩以单纯的橄榄绿或者米白色为主，其左侧放叉子，右侧摆餐刀（注意刀锋朝内）和汤勺。尽量选择手工精致，并且造型简洁的银质刀叉。餐盘的右上方是一只玻璃葡萄酒杯，避免那种带有刻花、蚀刻、花纹和彩色的玻璃杯。

第八章 | chapter 8

装饰艺术风格

Art Deco Style

1、起源简介

◆ 纽约克莱斯勒大夏

◆ 纽约帝国大厦

（1）背景

1901 年，巴黎的建筑师和室内设计师成立了装饰艺术家协会（Societe des Artistes Decorateurs），首次将装饰艺术与美术分离开来，通过大量的创作实践，为装饰艺术风格的诞生打下了基础。20 世纪初，人们开始厌倦之前盛行的维多利亚风格的繁复与俗丽，趋向于接受由有着“现代主义之父”美誉的路易斯·沙利文（Louis Sullivan, 1856—1924）所提出的“形式服从功能”的宣言。

20 世纪早期，新视觉语言层出不穷，新艺术运动的成员包括野兽派（Fauvism）、立体派（Cubism）、未来派（Futurism）、风格派（De Stijl）、至上派（Suprematism）与构成派（Constructivism）等，它们最后都统统被贴上了“立体派”的标签。装饰艺术风格的设计师们很快便借用了它们几何、抽象与分裂的只言片语，并将此转化成为创造现代都市文化的新动力。

第一次世界大战（1914—1918）之后的 20 年代被称为“咆哮年代”（Roaring Age），装饰艺术风格就诞生于 20 世纪 20—30 年代经济大萧条的磨难时期。对于很多人来说，装饰艺术风格代表着很多事物，它曾经是摩登女郎、豪华邮轮和摩天大楼所追逐的式样，也是好莱坞的梦幻世界，还是探索黑人文化起源的哈莱姆文艺复兴（Harlem Renaissance）的现实世界。它影响到设计界的所有领域，从装饰艺术到时尚、电影、摄影、运输和产品设计等，代表着摩登，无孔不入。它从传统艺术中汲取创作营养，同时也向往机械化的现代世界。它迅速在全世界流行开来，主宰着从纽约到上海这些大都市的天际线。它兼容了传统手工与现代机械的长处，运用普通材料制造出独一无二的高品质艺术品与新产品。

与同时期信奉实用主义的现代风格（Modernism）不同，装饰艺术风格反映了当代社会对于消遣与逃避的需求。它在创造大众化产品方面获得了成功，为世界各地人们的想象力和表达愿望提供了一个无限的自由王国。现代艺术运动有其独立的社会哲学和宣言，秉持着为大众服务的理想主义信条，提倡新技术与新材料；装饰艺术运动仅仅是提供了一种新颖奇特的装饰式样，它是新时代富贵与奢华的代表，专为富豪量身定做。

与先行者新艺术风格（Art Nouveau）相似，两者都属于内容丰富的折衷风格（Eclectic Style）。设计师都追求现代式样与传统元素的结合，其现代式样建立于复兴的传统装饰语言基础之上，并由此创造出当代的先锋派艺术（Avant Garde Art）。其特征表现为具丰富的色彩、佳吉列夫的俄罗斯芭蕾舞（Diaghilev’s Ballets Russes）主题，以及机器时代的都市景象。装饰艺术风格还从更久远的古老文化中获取创作灵感，包括非洲和东亚的传统艺术。考古学家对于古埃及和中美洲的新发现为装饰艺术风格提供了取之不尽的创造源泉。

与新艺术风格崇尚非对称的有机形态截然不同，装饰艺术风格更趋向于对称造型，直线多过曲线，适合机械化批量生产，因此它被归类于现代风格范畴。装饰艺术风格特征包括呈几何形和角度的外形，新材料的应用与线性装饰，整体外观有力而醒目，简洁而现实。其应用的新材料包括不锈钢、镜子、铬合金、玻璃、天然漆和镶嵌木，以及奇异的鲨鱼皮、蛇皮和斑马皮。为了使家具体现出富人专属的特质，装饰艺术风格还会应用一些如乌木、大理石和珍稀木材等昂贵的材料。

新艺术风格盛行于 1890—1910 年，在不断壮大的保守派政治气候影响下，新艺术风格被批为过度繁琐和表现颓废。尽管新艺术风格也试图改变以适应新时代，但也只是为装饰艺术风格的隆重出场做了嫁妆，最终于第一次世界大战之前退出了历史舞台。

原定于 1915 年在巴黎举办的现代工业装饰艺术国际博览会（Exposition Internationale des Arts Decoratifs et Industriels Modernes），因第一次世界大战的爆发而推迟至 1925 年。这是一场致力于展示现代装饰艺术的盛会，装饰艺术（Art Deco）一词通过博览会首次让世人认识，巴黎因此成为世界时尚之都。无论是被称作“现代化传统”，还是“现代派”特征，此次博览会成功地将装饰艺术概念植入人心，赢得了全球范围内的影响力。

1925 年的巴黎博览会未见美国的身影，据说是因为当时美国人自认为没有现代作品可以参展。不过在展会结束之后，装饰艺术风格的设计理念很快便在美国传播开来，并且为适应美国的社会习惯、生产能力和材料供应做出了调整。纽约曼哈顿的新天际线为纺织品、餐具和家具设计提供了丰富的参考图样。这些建筑与产品反复出现在摄影、绘画和好莱坞电影当中。

作为现代社会最具影响力的媒介，好莱坞为装饰艺术风格的传播扮演了举足轻重的角色。无论是当年的大牌明星还是金牌导演，大多为装饰艺术风格的追捧者。电影场景中经常出现装饰艺术风格的布置，电影本身也经常在装饰艺术风格的影院、酒店、夜总会、远洋邮轮和摩天大楼内放映，将装饰艺术风格的魅力传遍世界。

装饰艺术风格（Art Deco）一词首先出现在现代建筑大师勒·柯布西耶（Le Corbusier, 1887—1965）在其主笔的《新精神》杂志专栏文章当中。不过 Art Deco 被贴上广泛应用的风格标签则是通过英国历史学家贝维斯·希利尔（Bevis Hillier）于 1968 年出版的《20—30 年代的装饰艺术风格》一书。

流线型成为 20 世纪 30 年代美国设计的主流。饱受经济大萧条创伤的制造商们急于借流线型之光来摆脱困境，借助于最小阻力理论的流线型产品因此风靡世界。除了对交通工具具有实际作用之外，流线型对装饰艺术来说仅仅只是象征与装饰的目的，它给装饰艺术风格带来了新的含义。

1939 年在纽约举行的世界博览会将装饰艺术风格推向了顶峰。6 年后随着第二次世界大战（1939—1945）的结束，世界已经变得完全不同，节俭、理性和实用成为新的主流思潮，装饰被认为多余而被质疑，装饰艺术风格的炫目光芒随之暗淡并很快失宠。

（2）人物

◆埃尔泰（Erte, 1892—1990）。法国著名前卫艺术家、设计师、插图画家和版画家，特别是为电影、戏剧和歌剧所作的场景、服装、首饰和海报设计对于 20 世纪设计领域影响深远。结合东方艺术、欧洲传统艺术和工艺美术风格等艺术元素，埃尔泰的作品风格鲜明，形成其独特的装饰艺术风格，画面仿佛带你进入到一个如梦幻般华丽而优雅的境界。其代表作品包括《她的秘密崇拜者》（*Her Secret Admirers*）、《偷吻》（*Stolen Kisses*）和《睡美人》（*Sleeping Beauty*）。

◆阿道夫·穆龙·卡桑德尔（Adolphe Mouron Cassandre, 1901—1968）。出生于乌克兰的法国画家、商业海报艺术家和字体设计师。卡桑德尔富有创造性的商业海报深受立体主义和超现实主义的影响，其别具一格的平面设计技巧盛行于 20 世纪 30 年代的欧美大陆。代表作品为《诺曼底海报》（*Normandie Poster*）。

◆塔玛拉·德·兰碧嘉（Tamara de Lempicka, 1898—1980）。波兰裔法国装饰艺术派画家，也是意大利社交界的名媛。兰碧嘉的绘画表现出 20 世纪 20-30 年代法国艺术界肉欲横流的时代背景，作品充满着情欲与奢靡的情调，反映出装饰艺术运动冷静而性感的一面。其作品对于现代艺术的影响不可估量，至今仍然受到许多社会名流的追捧。其代表作品为 1925 年为德国时尚杂志创作的封面自画像《塔玛拉在绿色布加迪》（*Tamara in the Green Bugatti*），以及《音乐家》（*The Musician*）、《戴手套的女孩子》（*Young Girl with Gloves*）、《亚当和夏娃》（*Adam and Eve*）和《巴黎春天》（*Printemps*）。

◆ 艾琳 · 格蕾（Eileen Gray, 1878—1976）。出生于爱尔兰的、多才多艺的家具设计师和建筑师，也是现代建筑运动的开拓者。格蕾一生设计过大量的家具、地毯和台灯，代表作品包括著名的必比登椅（Bibendum Chair）和 E1027 号圆桌（E1027 Table）。

◆ 保罗 · 法洛特（Paul Follot, 1877—1941）。法国木匠、工艺品设计师、装饰师和装饰艺术设计师，也是法国传统工艺的继承者和捍卫者。法洛特的作品包括为韦奇伍德（Wedgwood）设计的陶瓷、为昆庭银器公司（Orfevrerie Christofle）设计的银器、为迈耶 · 格雷夫（Meier-Graefe）设计的珠宝、为科尔尼耶公司（Cornille et Cie）设计的纺织品和为萨夫内里（Savonnerie）设计的地毯。

◆雅克 · 艾米力 · 鲁尔曼（Jacques Emile Ruhlmann, 1879—1933）。法国传奇家具设计师和室内装饰师，是装饰艺术风格的杰出人物。鲁尔曼的作品代表着 20 世纪 20 年代人们梦寐以求的巴黎奢侈品杰作，其家具总是采用最昂贵的材料来制作，作品以完美的比例和精致的锥形腿而著称。

◆ 简 · 杜南（Jean Dunand, 1877—1942）。瑞士漆器师、雕塑家、铜器制造商和室内设计师。杜南被认为是装饰艺术时期最杰出的漆器师，其精美的漆器工艺深受东方漆器艺术的影响。2003 年创立的简 · 杜南瑞士表的漆器工艺便直接受到简 · 杜南装饰艺术漆器作品的影响。

◆简 · 米歇尔 · 弗兰克（Jean Michel Frank, 1895—1941）。法国室内设计师。弗兰克擅长运用简洁的线条来打造出极简的室内空间，然而其华丽的家具却是采用诸如鲨鱼皮和云母这样的昂贵材料，以及复杂的黑麦秸镶嵌细工（Rye Straw Marquetry）。代表作品“美西”红唇沙发（“Mae West” Lips Couch）的设计灵感来自于画家萨尔瓦多 · 达利（Salvador Dali, 1904—1989）的名言——“嘴巴是一种美”。

◆ 唐纳德 · 德斯基（Donald Deskey, 1894—1989）。美国装饰艺术风格的代表人物、美国工业设计的先锋人物和艺术家。1925 年参观了在巴黎举行的“现代工业与装饰艺术博览会”之后深受启发，很快便成为美国装饰艺术风格的主要倡导者。其家具设计简洁、优雅，无论是沙发、桌子，还是衣柜，都堪称装饰艺术风格的经典。

◆吉尔伯特 · 罗德（Gilbert Rohde, 1894—1944）。美国现代主义运动的奠基人之一，是一名家具设计师和工业设计师。其作品反映出美国现代流线型设计的特点，以及转向现代欧洲艺术与设计的趋势。代表作品为弯曲组合沙发和美国首件仿生桌（Biomorphic Table），成为 20 世纪中美国现代主义家具设计新标杆。

◆保罗 · 弗兰克尔（Paul Frankl, 1886—1958）。奥地利裔美国装饰艺术风格家具设计师和木匠、建筑师、画家和作家。弗兰克尔的职业生涯起始于建筑师，后来专注于美术与家具设计。他用著名的摩天大楼式样塑造了美国现代主义的独特形象，擅长于将建筑外观应用于家具造型之上，被誉为“摩天楼家具”（Skyscraper Furniture），深受好莱坞名流的喜爱。

◆ 兰碧嘉的作品

◆ 卡桑德尔的作品

◆ 埃尔泰的作品

◆ 艾琳 · 格蕾的 E1027 号圆桌

◆ 艾琳 · 格蕾的必比登椅

◆ 鲁尔曼的家具

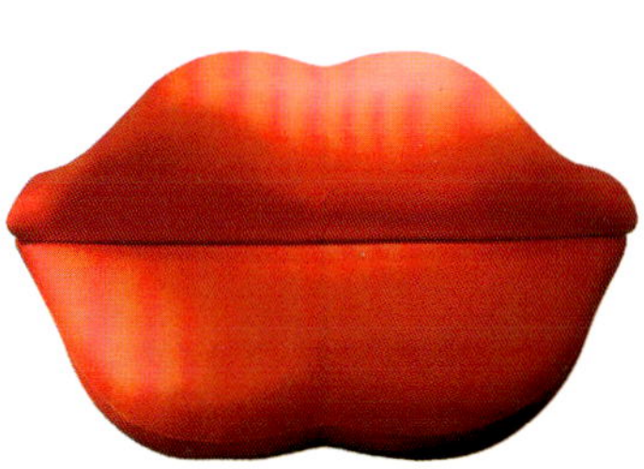

◆ 弗兰克的美西红唇沙发

2、建筑特征

（1）布局

装饰艺术风格的居住建筑完全打破传统房屋的平面布置，几何形自由组合的建筑平面往往是强调建筑外立面几何造型的结果。整体布局实用、紧凑。房屋通常建在比较拥挤的城市，因此一般没有多少户外空间。

（2）屋顶

建筑一般只采用平屋顶，女儿墙升起保持水平线。为了制造特殊的立面效果，女儿墙局部会升起变化。

（3）外墙

居住建筑的外墙没有公共建筑的色彩那么丰富，通常采用白色灰泥粉刷墙面覆盖层。建筑立面强调竖线条。为了制造丰富的几何形线条，经常出现如台阶状后退墙面。墙面经常呈弧形或者圆形转角。

（4）门窗

建筑立面常见圆形窗户，窗户经常随弧形墙而出现弧形窗。为了强化窗户的竖直感，常用铁艺竖形格子分隔，窗楣常见台阶状浮雕线条，或者凸出的帽檐。大门经常镶嵌彩色玻璃拼贴出放射形图案，玻璃面积占门的大部分。为了突出大门，大门的三边均饰以轮廓鲜明的浮雕线条，通常为台阶状三角墙，并且饰以螺旋形图案。大门没有一个正式的门廊，但往往会让二层建筑凸出形成雨棚，或者设计一个夸张、厚重的门框。

3. 室内元素

（1）墙面

装饰艺术风格的墙面通常采用石膏板或者纤维石膏板作为衬里，表面饰以壁纸或者粉刷。为了追求平衡感与对称感，壁纸常常选用醒目的图案（如程式化花卉图形或者如蚀刻般的几何图形）。壁纸的常用色彩包括鲜绿色、淡黄色、紫色、孔雀蓝、亮红色、奶油色、金色和银色。

由于装饰艺术风格诞生于机器时代，因此金属质感的表面材质（如金色或者银色的壁纸）盛行于室内装饰。不过金属质感的壁纸仅限于房间的主墙，其余三面墙则漆成光滑的白色。壁纸图案包括放射形、锯齿形、V字形、连续曲线和生硬的几何形。有趣的是，来自于埃及的图形（如角锥形）和象形文字也常见于壁纸。

◆ 地面

◆ 地面砖

◆ 木门

（2）地面

装饰艺术时期大量应用带抽象图案的油毡作为地面铺贴材料，同时也普遍应用典型的、如棋盘格般的瓷砖或者大理石，以及抛光的镶木地板。然后采用带几何图案的大块地毯覆盖在光洁的地板上。

（3）顶棚

与墙面装饰方法一样，装饰艺术风格的顶棚同样采用石膏板或者纤维石膏板作为衬里，平整后粉刷。在顶棚与墙面的交接处饰以木质或者纤维石膏板檐口，采用凹面或者斜面边饰，边饰上以Z字形或者人字形浮雕装饰。在客厅、餐厅和主卧室的顶棚中央，常饰以带Z字形或者人字形饰边的中央天花板灯线盒。

（4）门窗

装饰艺术风格室内门经常为芮木泪柏制作的镶板门，镶板的数目从单片到多片不等；并且省略掉围绕镶板的装饰线条，使得门扇面上产生较深的阴影线。室内常见镶嵌磨砂玻璃、异形玻璃、斜边玻璃或者彩色玻璃的玻璃门，并且运用玻璃拼出装饰艺术风格的几何抽象图形。

装饰艺术时期还流行一种类似于远洋邮轮圆形舷窗的室内门，圆形玻璃窗数目从1~3个不等。嵌入式的平面门经常饰以镀铬饰条，门扇正上方悬挂一只模仿舷窗的圆形挂钟。

窗户组合变化多端，经常由一至多片玻璃的窗子组合到一个固定或者侧开窗的单元当中；常见一扇窗由3~5片玻璃组成。有时候也应用顶铰开的楣窗。为了配合装饰艺术风格建筑设计中常用的弧形转角窗，转角窗常由多扇窗子组合而成，并且会为此定制弧形玻璃。

（5）楼梯

装饰艺术风格的楼梯形状与式样均建立在几何数学的基础之上，包括其铸铁栏杆的部件式样，无论看起来多么复杂，仿佛都是经过精细的计算与安排。

尽管新艺术风格的有机曲线被装饰艺术风格的几何形所取代，但是在装饰艺术风格的楼梯栏杆上仍然可以见到如同远洋邮轮上甲板船舷一般简洁、流畅的曲线，只是装饰艺术风格偏爱漆成黑色的圆钢管栏杆与实木扶手。

（6）橱柜

装饰艺术风格的橱柜整体造型简洁，柜体和柜门表面饰以木纹精美的饰面板后清漆，也有些橱柜通体油漆成白色。吊柜的特色主要体现在柜门呈放射形的刻花玻璃，或者呈放射形的窗格。地柜基本用黑色或者深色大理石作为台面。

（7）五金

装饰艺术风格的拉手如同艺术品，充满几何图形的组合，不多见的把手常见纽扣形和花蕾形。其材质包括镀镍金属、镀铬金属、黄铜和玻璃。

◆ 把手

（8）壁炉

装饰艺术时期壁炉的装饰性大于功能性，因此壁炉设计十分注重造型。无论何种材质，装饰艺术风格的壁炉造型大多采用当年流行的几何形，包括垂直的矩形、小方形、拱形和模仿当年流行建筑立面的堆叠造型。

装饰艺术时期流行采用混凝土建造壁炉，此外还常见抛光的铸铁壁炉架，或者是大理石壁炉架。壁炉边框通常饰以大理石、瓷砖和彩陶等，瓷砖色彩以粉红色、绿色和米黄色为主。全部采用瓷砖或者大理石石板建造的壁炉往往饰以金属饰带。当时的壁炉罩与壁炉的整体造型配合得完美无缺，采用铸铁或者黄铜材质的壁炉罩造型呈现简洁的长方形，罩框内常见几何图形和放射图形。

壁炉的四角或者左右顶角常常饰以类似于鸢尾花或者圆形玫瑰花的图形。左右顶角经常采用圆角或者标志性的阶梯形，偶尔会运用一边贴瓷砖或者大理石石板来制造非对称的立面造型。装饰艺术风格以单片铸铁壁炉罩为主，罩面图案精美如同一幅艺术品。

◆ 壁炉罩

◆ 壁炉架

◆ 壁炉架

（9）色彩

装饰艺术风格的室内空间表现出明显的极简主义特征，因此它惜色如金。大多数配色方案均包含了黑色，比如绿色与黑色、红色与黑色、白色与黑色。重点色包括银白色与金色，淡蓝色或者鸽灰色则为空间增添了几分柔和的气氛。

装饰艺术风格的常用色彩包括黑色、银白色、银色、黄色和红色，此外也用淡黄色、米白色、米黄色、乳白色、紫色、橙色、红褐色和绿色调等。

装饰艺术风格的色彩充满了刺激与对比：亮深黄色、红色、绿色、蓝色和粉红色与银色、黑色和银白色搭配。在客厅、餐厅和卧室里常用淡黄色和米黄色使空间看起来更柔和，也与抛光木质和涂漆家具产生微妙的对比效果。

（10）图案

装饰艺术风格以几何图案为其典型特征，在地毯、窗帘、镜子、家具或者墙面模板上经常出现 V 字形、棋格形、放射形和连续的曲线等，其中放射形和 V 字形均来自于装饰艺术风格的建筑外形（如纽约的克莱斯勒大厦和帝国大厦）。

装饰艺术风格的常见图案包括花瓣、树叶、树枝、孔雀羽毛、裸体、梯形、程式化的动物及动物皮毛、斑马纹、人字形、Z 字形、旭日形、锯齿形、模仿摩天大楼的尖刃形，以及大弧度的曲线与线条等。

4. 软装要素

（1）家具

呈流线型的装饰艺术风格家具造型简洁、有力、醒目，没有装饰性的褶边，表面肌理光滑整洁，缺乏布艺带来的柔软和舒适感。为了增加家具的豪华度，采用玛瑙、玉石、象牙、石英和水晶玻璃重点装饰家具的做法极为流行。常用的昂贵木材包括美洲斑纹木、巴西黄檀木、非洲乌木和北美雀眼枫木等。

实木镶嵌和镶嵌细工是装饰艺术家具最显著的工艺特征，镶嵌图案包括锯齿形、放射形和 V 字形等，被广泛应用于沙发、梳妆台、衣橱和餐桌之上。柔软的皮革是光洁表面的最佳选择，樱桃红和橘色是常见的皮革颜色，它们被普遍应用在扶手椅、沙发和搁脚凳上。

深漆的木框架往往配上带光泽的白色皮革软垫，椅子扶手呈弯曲上升的形状。软垫面料常用既突出形体又有舒适手感的丝绒，或者是色彩丰富的皮革、乙烯基塑料、绒面革和马海绒等。丝绒也常用于软垫家具之上。

家具尺寸通常比较大，并且喜欢圆角。常见的家具种类包括餐边柜、衣柜和尺寸过大的椅子等。很多家具的底部安装了一个具摇摆作用的弯曲扁铬合金基座。家具本身常常漆成黑色。家具上大量应用的铬合金以及带镜面效果的新兴材料体现出装饰艺术风格的机器时代背景。

◆ 扶手椅

◆ 扶手椅

◆ 沙发

◆ 休闲椅

◆ 沙发

◆ 餐椅

◆ 边几

◆ 酒架

◆ 餐桌

◆ 咖啡桌

◆ 咖啡桌

◆ 咖啡桌

◆ 靠墙台桌

◆ 靠墙台桌

◆ 抽屉柜

◆ 梳妆台

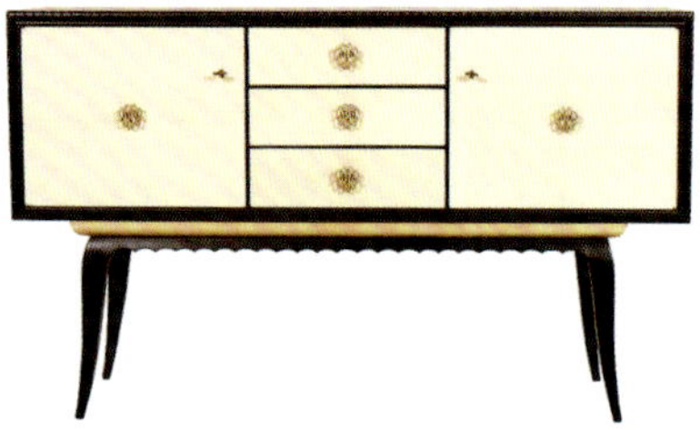

◆ 餐边柜

◆ 餐边柜

◆ 屏风

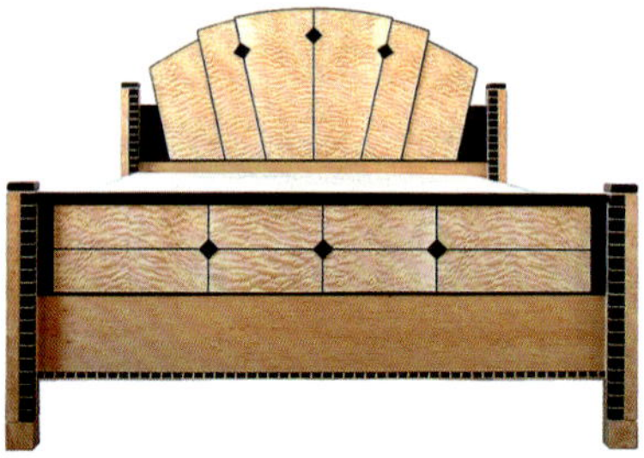

◆ 床具

（2）灯饰

装饰艺术风格的灯饰充满戏剧性、优雅和未来感，包括顶棚灯、落地台灯、桌台灯和壁灯，以流线型和简单几何形组合为其主要特征。其制造材料大量采用钢材、青铜、铬合金和玻璃，玻璃表面常常经过蚀刻或者涂珐琅处理，并且常用白玻璃或者蒂芬尼式的彩色玻璃。

壁灯是装饰艺术风格建筑与室内设计的补充，整体造型呈几何形、竖长形或者流线型，经常出现三角形、V 字形和锯齿形图案。壁灯材质由青铜、铅、钢材或者镀银金属基座与不透明白色或者彩色玻璃灯罩组成。

落地台灯由锻铁或者铬合金的基座与人工吹制的玻璃灯罩组成；桌台灯由镀镍金属基座与白色、透明、磨砂或者彩色玻璃灯罩组成。女性怀抱球形灯造型是标志性的装饰艺术风格灯饰。由法国天才艺术家雷内 · 莱丽卡（Rene Lalique，1860—1945）于 1909 年创立的法国莱丽卡公司（Lalique）出品的玻璃台灯象征着拥有者的身份与品位。

◆ 吊灯

◆ 吊灯

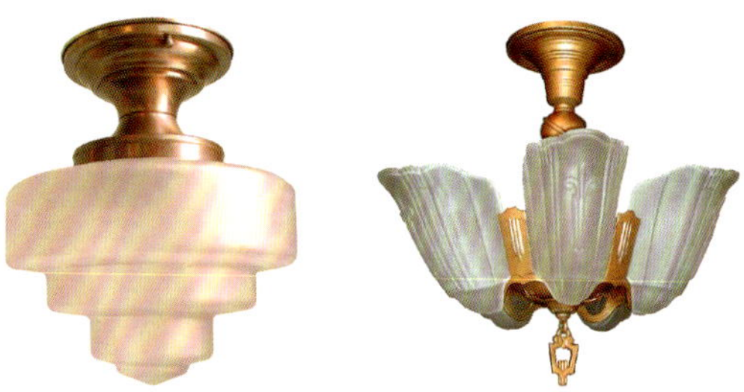

◆ 吸顶灯

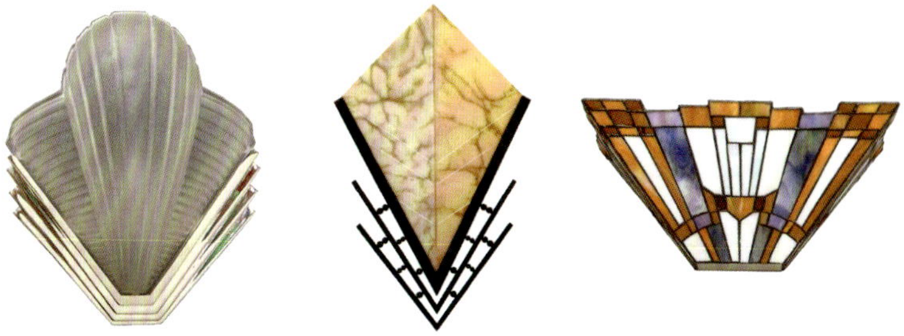

◆ 壁灯

◆ 壁灯

◆ 桌台灯

◆ 桌台灯

（3）窗饰

装饰艺术风格的窗帘式样大多简单而朴素，常见窗帘布随意地绕搭在窗帘杆上。窗帘盒以直线型或者阶梯形为主。此外也常用乙烯基塑料滚轴遮阳帘和木质百叶帘。窗帘、床品、靠枕、软垫床头板以及沙发软垫的面料包括天鹅绒、绸缎、丝绸、棉绒和棉布等，并且常在丝绸上刺绣。

蕾丝钩针窗帘的魅力主要体现在图案上，融合了古典欧洲和埃及的图案特色，中心饰以涡卷形和扇形图案，边缘常见波浪形边框。

◆ 窗帘

（4）床饰

◆ 床品

装饰艺术风格的卧室就好像一个光彩炫目的舞台，绝不甘于平庸无趣。这种卧室常见于装饰艺术时期的豪华酒店。为了营造出酒店光滑、冰爽的氛围，会大量采用闪烁的香槟色、柔和的钴蓝色或者铁灰色的面料，包括皮革、维纶和丝绸。床饰种类相比传统床饰大为简化，往往只剩下被子和枕头，而枕头通常暴露以突出其重要性。在比较正式的床饰中，枕头套与横搭在床尾的毛毯色调保持一致；在非正式的床饰中，枕头套与被套的花色保持一致。常见的纺织品色彩包括深红色、蓝绿色、翠绿色和淡黄色。

装饰艺术风格尽量避免在设计当中选用任何带写实花卉或者格子图案的纺织品，通常选择中性单色或者带几何形图案的。不过在 20 世纪 20 年代曾经流行过模式化的玫瑰花图案。纺织品上常见的图案包括程式化的花卉、直线与圆弧的组合、线条与色块组合、半圆弧、绿叶、圆环与圆斑等。

（5）靠枕

靠枕总能够为装饰艺术风格的室内空间带来戏剧般的视觉效果，因此靠枕套的色彩和图形选择至关重要。为了制造强烈的对比效果，单色块的靠枕常常被用来作为醒目对比的重点色来源，而带条纹或者圆斑图案的靠枕则与其他布艺图案或者家具及灯具线条遥相呼应。

靠枕虽然外形简洁，呈方形或者长方形，但是通常饰以平直软边饰。靠枕套图案的来源包括装饰艺术风格彩色玻璃图案，或者奥地利设计师约瑟夫 · 霍夫曼（Josef Hoffmann, 1870—1956）作品中的几何抽象图案。

◆ 靠枕

（6）地毯

为了突出色彩醒目的家具，装饰艺术风格的地毯常见褐色、黑色或者鸽灰色。色彩强烈的地毯能营造出生动活泼，充满活力的视觉效果。常用几何图形，包括锯齿形、方形、三角形、放射形、V 字形、连续曲线形的地毯，此外包括源自埃及的符号（如角锥形、鸟形）或者象形文字。

装饰艺术时期的流行地毯是 20 世纪 10—40 年代产自于中国天津并由美国地毯生产商沃尔特 · 尼克尔斯（Walter Nichols, 1885—1960）出品的“中国装饰艺术地毯”（Chinese Art Deco Rug），它采用羊毛和蚕丝编织，色泽艳丽饱满，充满华丽的东方情调。常用色彩包括洋红色、蓝绿色、翠绿色和深红色，常见图案包括画景、树木、鸟类、云彩、山峰、龙和花卉。

最具代表性的装饰艺术地毯包括著名的布卢姆茨伯里派（Bloomsbury Group）成员 ——英国艺术家邓肯 · 格兰特（Duncan Grant, 1885—1978）手工编织的地毯，以及法国艺术家保罗 · 勒楼（Paule Leleu, 1906—1987）手工编织的圆形地毯。

◆ 地毯

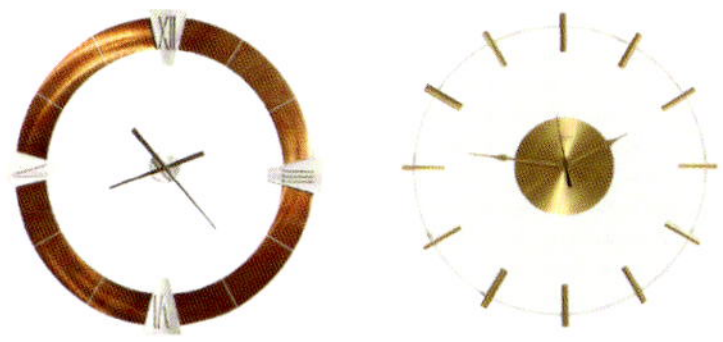

◆ 挂钟

◆ 镜框

◆ 镜框

（7）墙饰

为旅游和爵士乐而制作的商业广告画象征着 20 世纪初富有阶层的生活特征。带画框的电影海报和著名艺术家的代表画作都是装饰艺术风格必不可少的经典墙饰。装饰画通常装裱在黑色画框内。

形式是装饰艺术风格的重要组成部分。很多镜子没有镜框，而常用镜面本身来模仿装饰艺术风格的阶梯形建筑的立面造型。采用镍、铬或者银制造的镜框上常常饰以鹿、孔雀、玫瑰和几何图形。

除了圆形之外，装饰艺术风格的挂钟还常见八角形、放射状旭日形、对称几何造型和不规则造型等。其表面通常饰以高光泽的木质饰面板（如乌木、桃花心木或者瘿木），并且大量运用镶嵌细工技术拼贴出几何图形（如锯齿形、三角形和 V 字形等）。此外还常见金属、玻璃和陶瓷制作的挂钟，其中陶瓷的釉面常用色彩包括孔雀蓝、淡黄色、亮红色、鲜绿色和蓝紫色，而金属材质包括钢质、铬合金、银质、黄金和青铜。

（8）桌饰

装饰艺术风格的饰品代表着20世纪初科学技术的创新与进步，比如钟表、收音机和留声机等都是不错的桌饰。饰以五彩珍珠的青铜雕塑表面光滑，点缀在房间的重要位置。设计成流线型的办公用具必然会出现在书桌上。门把手和烛台均由镍、铬或者银模塑而成，呈树林形或者V字形。采用金属、玻璃和塑料制造的小雕像、雕塑、烟灰缸、纪念品盒与相框和家具表面的丝绒、皮革一起营造出20世纪20年代的豪华酒店氛围，它们都被非常仔细地挑选并摆放在最合适的位置，绝不堆砌和混乱。事实上，放在银质托盘上的银香槟桶和酒杯十分真实地反映出那个灯红酒绿的“咆哮年代”（Roaring Age）。

◆ 烛台

◆ 烛台

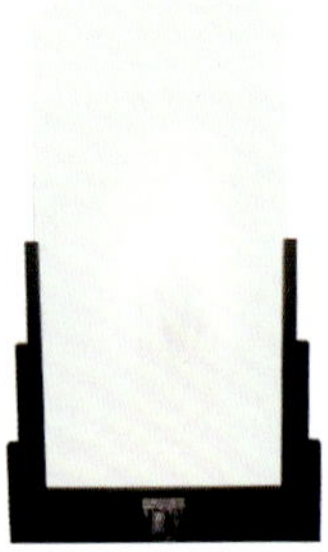

◆ 相框

◆ 座钟

（9）花艺

装饰艺术风格追求材料的时代感与未来感，因此传统花艺的应用显得非常谨慎和拘谨，花材品种的挑选也十分挑剔和严格。装饰艺术风格常用的花材包括马蹄莲、绣球花、百合花、蕨叶、蝴蝶兰和玫瑰花等。当时的花艺常常将奇异的花卉与孔雀羽毛混合在一起来表达异域风情。花器常用刻花玻璃、彩色玻璃、磨砂玻璃或者黑色、白色的大理石制造。当时流行浮雕玻璃花瓶（Cameo Glass Vase），其底层色彩通过蚀刻磨掉表层的白色或者透明玻璃而呈现出来。

◆ 花艺

◆ 花瓶

（10）餐饰

装饰艺术风格的餐饰追求视觉效果和简洁的形式美，常将传统餐饰内容剔除，例如桌布或者桌巾等，但是仍然保留了烛台和中心饰物。烛台通常为银质或者镀铬黄铜，而中心饰物则多半为磨砂彩色玻璃器皿。它们整体呈几何造型、线条优雅，表面通常饰以女人体、火箭形、V 字形、几何形和旭日图形等。如果中心饰物采用一盆花艺，花材多半选用马蹄莲。起源于 18 世纪的德国巴伐利亚瓷器（Bavarian Porcelain）出品的装饰艺术餐盘，色泽鲜艳，造型新颖，广受欢迎，特别是其手工绘制的图案，与餐桌的整体装饰相得益彰。桌布与餐巾、餐盘和刀叉的色彩往往形成一种微妙的和谐关系。餐巾可以折叠后搁在餐盘之上，也可以塞入餐巾环放在餐盘左边；餐巾的色彩往往与桌布产生色彩对比。餐盘与刀叉的安排基本沿用传统布置，但已简化。主菜叉和生菜叉、餐刀和汤勺分别放在餐盘的左右两侧；餐盘的右上方摆水杯和葡萄酒杯。不锈钢或者银质刀叉的特征为锐角和直线条，它们主要体现在加宽的手柄端部。银质餐具在装饰艺术时期广受欢迎，无论是咖啡具还是茶具，或者银壶、银碗、银盘、银罐和银香槟桶，人们无不以拥有银质餐具为荣。

◆ 刀叉

◆ 酒杯

◆ 瓷盘

◆ 茶杯

第九章 | chapter 9

好莱坞摄政风格

Hollywood Regency Style

1、起源简介

（1）背景

◆ 1964 年电影《吉尔达》

好莱坞摄政风格盛行于黑白电影风靡的 20 世纪 30 年代，并一直延续到 60 年代（20 世纪 30—60 年代史称好莱坞黄金时期），表现出好莱坞光彩炫目、魅力四射、卖弄炫耀和娇艳柔美的女性气质。好莱坞摄政风格也被简称为“好莱坞风格”（Hollywood Style），早期由一些好莱坞布景设计师将几种不同风格的家具拼凑而成，并将电影中的浮华移植到了居家空间当中。这一特质决定了好莱坞摄政风格与生俱来的混搭基因，表现为热烈与冷静、大胆与平庸、活泼与温和、古怪与精美等矛盾与对立的综合体。

好莱坞摄政风格的名称来自于优雅的英国摄政风格，实际上受装饰艺术风格（Art Deco）的影响更大。因为采用了相近的设计元素，有人把好莱坞摄政风格归类为装饰艺术风格的分支。不过装饰艺术风格追求豪华、个性与技艺，这些特征在好莱坞摄政风格当中得到了延续，两者均偏爱简洁的线条、大胆的色彩和几何图形。装饰艺术风格试图通过醒目的图形来吸引眼球，而好莱坞摄政风格则更注重制造戏剧性的舞台效果。

好莱坞明星们不仅要在舞台上光彩照人，也希望回到自己的住所里仍然是主角，身边围绕着一群小明星和男演员们，因此流光溢彩和永无休止的派对是必不可少的。

好莱坞摄政风格正是为了满足这样的特殊需求应运而生，它既要为主人提供一个展现风采的舞台，也要为宾客们提供一个舒适的环境。

好莱坞摄政风格诞生于好莱坞的黄金年代，让人不禁回想起好莱坞明星们头顶的迷人光环和动人风采，还有摄影棚内光洁照人的场景设计。至今仍然广受欢迎的部分原因在于其折衷的设计手法、宽松的工程预算和模糊不清的品质内涵。罗伯特·科克·伍尔夫（Robert Koch Woolf）和约翰·埃尔金·伍尔夫（John Elgin Woolf）共同为光彩迷人的电影明星们打造了一种全新的居住环境，他们结合了 19 世纪的法式、希腊复兴式和现代主义的不同特征于一体，并将此命名为令人兴奋、陶醉的“好莱坞摄政风格”，甚至为后现代主义（Post Modernism）提供了一个极具预见性的轮廓。

喜欢好莱坞摄政风格的明星们包括大名鼎鼎的加里·格兰特（Cary Grant）、约翰·韦恩（John Wayne）、埃罗尔·弗林（Errol Flynn）、凯瑟琳·赫本（Katherine Hepburn）和史宾塞·屈塞（Spencer Tracy）等。对好莱坞摄政风格做出杰出贡献的著名设计师包括威廉·海恩斯（William Haines, 1900—1973）和桃乐茜·德雷帕（Dorothy Draper, 1889—1969），他们通过好莱坞摄政风格的居所为西海岸电影事业的明星们增添了光彩。

其实很多人都不了解好莱坞摄政风格的真实面貌，它的主题是围绕娱乐活动特别是鸡尾酒会而营造的。光滑的线条、鲜艳的色彩、充满戏剧性和异域风情的元素成为好莱坞风格的亮点，目的是为了聚焦空间里的人物而非家具，因此家具常被刻意隐退并没入背景之中。整个画面看起来仿佛是 1935 年黑白影片中的片段，不过是彩色版本。

好莱坞摄政风格巧妙地运用折衷的设计手法将奢华材料与东方元素融为一体，闪亮镜面、亮漆家具、镀铬金属、丝绸和天鹅绒将好莱坞的魅力展现得淋漓尽致；它是流苏、时尚和细节的综合体。其实在这样的空间里家具和饰品都不重要，重要的是人物，人物才是空间的主角。

家具的安排要方便交流，而非为了看电视。可移动的小件家具（如椅子和鸡尾酒桌或者饮料小推车）是那个年代在好莱坞摄政风格的家庭里常见的物品。东方元素在黄金时期大行其道，好莱坞星光大道一侧的中国戏院（Chinese Theater）正是那个时代的象征。棕榈叶和竹子是不断重复的主题，中式宝塔点亮了异域风情。具有中国艺术风格（Chinoiserie）的图形出现在壁纸、灯罩和靠枕等装饰品之上。来自北非摩洛哥的装饰图案也频频出现，目的都是为了凸显主人的见多识广和独特个性。为了加强五光十色的光影效果，好莱坞摄政风格大量采用镜子作为饰面材料应用于镜面镶板、镜框、镜面家具和镜面小件家具之上。

好莱坞摄政风格曾经只属于小众类人自娱自乐的装饰风格，但由于其别具一格的华丽魅力，以及源自于好莱坞明星的血统，吸引了众多人的目光而重获新生。好莱坞摄政风格随着时代的变迁而继续发展，并且在今天重新受到人们的追捧和室内设计师的青睐。知名设计师如凯莉·韦斯勒（Kelly Wearstler）、巴克利·布特拉（Barclay Butera）和肖恩·亨德森（Shawn Henderson）成为其中的领军人物，他们给好莱坞摄政风格注入了新的生命，并对它赋予了新的注解。

（2）人物

◆约翰·埃尔金·伍尔夫（John Elgin Woolf, 1908—1980）。美国建筑师，与其养子也是合作伙伴的罗伯特·科克·伍尔夫一道，在 20 世纪 50—60 年代期间为好莱坞众多富豪和明星设计私人住宅，成为好莱坞摄政风格的代言人。其最具代表性的作品为自住房屋的改造，成为好莱坞摄政风格的经典楷模。

◆罗伯特·科克·伍尔夫（Robert Koch Woolf, 1923—2004）。美国室内设计师与建筑师，与约翰·埃尔金·伍尔夫一同专为好莱坞明星设计住宅，史称“好莱坞摄政风格”（Hollywood Regency）。他也被誉为社会名流和明星大腕的室内设计师，风靡一时。由他设计的好莱坞摄政风格室内空间如舞台般迷人，带有环形走廊和对称泳池及亭台，为好莱坞明星们打造了一种全新的梦幻实景体验。

◆艾尔西·德·沃尔夫（Elsie de Wolfe, 1865—1950）。美国女演员，室内装饰师，美国室内设计创始人。曾旗帜鲜明地反对维多利亚式的矫揉造作和繁复累赘，她的装饰理念对其后好几代美国室内装饰师影响深远。尽管其创作高峰期早于好莱坞黄金时期，但是其倡导的高品位和新生活，以及于 1913 年出版的《品位饰家》（*The House in Good Taste*）被好莱坞摄政风格的设计师们奉为室内装饰之宝典。

◆比利·鲍德温（Billy Baldwin, 1903—1983）。美国室内设计师，是巧妙揉合古典主义与现代主义的顶级高手。他运用简洁、轻快、优雅、实用和硬朗的线条来代替华丽的巴洛克和洛可可复杂的曲线。其客户包括杰奎琳·肯尼迪（Jacqueline Kennedy Onassis）、戴安娜·弗里兰

（Diana Vreeland）和葛丽泰·嘉宝（Greta Garbo）等。在 20 世纪 30—70 年代，其作品代表着优雅与修养，被誉为"装饰设计师院长"（Dean of Decorators），其姓名也成为"伟大的美国式"的代名词。

◆威廉·海恩斯（William Haines, 1900—1973）。美国演员和室内设计师，于 1922—1935 年期间在多部影片中出任男主角，后因性取向问题转行进入室内设计界，与其终身伴侣一起开办了室内设计公司，为好莱坞众多明星设计私人住宅。他凭借卓越的个人品位和敏感，成为好莱坞摄政风格的代表设计师之一。其知名客户包括贝琪·布鲁明戴尔（Betsy Bloomingdale）、里根与南希（Ronald and Nancy Reagan），以及沃尔特和利奥诺（Walter and Leonore Annenberg）等。

◆桃乐茜·德雷帕（Dorothy Draper, 1889—1969）。美国室内设计师，于 1923 年创办了美国第一家室内设计公司，于 1939 年编写的《装饰快乐！》（*Decorating is Fun!*）一书影响了整整一代室内设计师。德雷帕反对过于简洁的装饰，擅长于运用明亮并充满活力的色彩以及大幅装饰画来装饰墙面，并且将黑白瓷砖与洛可可式漩涡形和巴洛克的石膏装饰融为一体。他还是另一位著名室内设计师茜斯特·帕里斯（Sister Parish, 1910—1994）的亲戚。德雷帕的室内装饰设计涵盖了私人公寓和住所、酒店和餐厅、戏院和商场、客机和汽车等，甚至还包括化妆品包装。其代表作品包括格林布赖尔酒店（Greenbrier Hotel）内的维多利亚写作室（Victorian Writing Room）和箭头温泉酒店（Arrowhead Spring Resort）室内装饰。

◆凯莉·韦斯勒（Kelly Wearstler, 1967—）。美国室内设计师和时装设计师，于 1995 年开办设计公司，后因与地产大亨布拉德·科岑（Brad Korzen）结婚而涉足酒店、餐厅和酒吧设计。其设计风格揉合了现代主义与好莱坞摄政风格，成为新一代好莱坞摄政风格的代表人物。

◆巴克利·布特拉（Barclay Butera, 1969—）。美国室内设计师和家具设计师。自 1994 年以来，其专卖店遍布全美国。其设计灵感来自于现代主义和好莱坞摄政风格等，擅长将不同的风格相互交织在一起。布特拉对于奢侈豪华室内设计的理念是既迷人又亲切，开创好莱坞摄政风格的一代新风。

◆肖恩·亨德森（Shawn Henderson）。美国室内设计师与生活方式专家，设计项目遍及巴黎、伦敦、纽约和洛杉矶。他的设计灵感来自于传统与现代，设计风格别具特色，既豪华又舒适，与现代人的生活紧密联系在一起。同时亨德森还大量利用旧物品，对环境很尊重，成为新一代好莱坞摄政风格的代表人物。

◆伍尔夫的设计

2、建筑特征

（1）布局

好莱坞摄政风格的居住建筑通常体量不大，平面呈不规则布局，靠近入口往往设计一个凸出并带落地窗的大房间供派对聚会之用。屋后通常都带有一个游泳池和池边凉亭。

（2）屋顶

陡峭的铁皮孟莎屋顶（Mansard Roof）是好莱坞摄政风格房屋的标志之一，不过此孟莎屋顶常常只是装饰性的单坡屋顶。屋面凸出白色灰泥粉刷的烟囱及老虎窗。屋檐出挑很浅，常常饰以装饰性浮雕，或者出现戏剧性的边饰。

（3）外墙

好莱坞摄政风格房屋的主立面呈对称形，

整体立面实际呈非对称。外墙基本采用灰泥粉刷，色调包括米白色、浅黄色和浅棕色等。

（4）门窗

窗户，特别是二层窗户的尺寸都是尽量大，有些二层窗户外面带有铁艺浅阳台，窗户就直接落地成为落地窗。除此之外，一层往往出现凸出的大八角窗或者椭圆形窗。不开启的小椭圆窗纯粹只是为了装饰效果布置在帕尔曼门的两侧。

好莱坞摄政风格的入户大门处通常设计得像高级旅馆的入口，如舞台布景般十分显眼，甚至设计有像床幔一样的装饰性门帘。与外墙平齐的大门上方有圆形雨棚，由两根细长的爱奥尼柱支撑；退后外墙的大门则设计一个高过屋檐的圆拱形门洞。大门常用著名的帕尔曼门（Pullman Door）以及百叶窗框法式门。

3、室内元素

（1）墙面

好莱坞摄政风格的墙面不仅是一层简单的墙漆，它更喜欢有肌理质感的壁纸或者威尼斯石膏。壁纸图案既成熟又色彩丰富，同时还柔和淡雅，比如银光效果的墙漆，或者午夜蓝（深蓝色）的壁纸与金属镶嵌搭配营造出豪华的气氛。

墙面大多以中性色彩为主（如白色）。只在某面重要墙面刷成强烈的色彩或者铺上醒目图案的壁纸。带有东方艺术色彩的壁纸是好莱坞摄政风格重要的墙面装饰特征，图案以鸟类、花卉和风景为主，并且常用金粉润色。

（2）地面

典型的好莱坞摄政风格地面基本只选择质感奢华的大理石或者硬木地板这两种材料，并且选择黑、白两种颜色的大理石铺贴出几何图形。同时也经常利用地毯来掩盖普通的地面材料，比如单色的长绒地毯、印有动物（如斑马纹）或者几何图形的地毯。小块地毯主要应用于局部区域（如沙发区）。

（3）顶棚

好莱坞摄政风格的顶棚一般只做简单的平涂粉刷，其色彩与墙面保持一致。在墙面与顶棚交接处通常会有简单的顶角线或者复杂的檐口线。为了加强视觉效果，有些豪宅的顶棚会配合地面和灯具的布置饰以呈几何图形的石膏线条，或者铺贴与整体协调的壁纸。

（4）门窗

因为法式装饰对好莱坞摄政风格的影响非常明显，因此法式门窗式样也被好莱坞摄政风格广泛应用。虽然窗户的尺寸都很大，但是均匀划分的窗格比较细小，基本都呈小方格，并且在很多门、窗顶部还有气窗，增加室内的光线。

法式门中以阳台门最为著名，其通透的玻璃窗格结合了门与窗的特点，出现在从室内通往后花园或者二层阳台的连接处。好莱坞摄政风格室内门的另一个标志性特征，是镶板门的中间或者中偏下位置有一个圆圈形凸出线条或者凹入线条，上、下长方形线条与圆环相切后在距离圆圈约10cm处产生与圆环平行的圆弧线。

(5) 楼梯

好莱坞摄政风格的室内少不了一个豪华、醒目的楼梯，它们往往占据较大的空间，并且以螺旋形楼梯为主。栏杆材料包括实木与铸铁。实木楼梯除了踏板和扶手漆成黑色外，车削栏杆和踢板则漆成白色，有时候会为楼梯铺上一块黑白条纹的梯毯。铸铁栏杆大多配合实木扶手，栏杆式样主要是涡卷形与直线型的组合图形，或者是圆形与直线型的组合图形。豪华的楼梯常用白色大理石铺贴，同时应用中性色彩的梯毯。

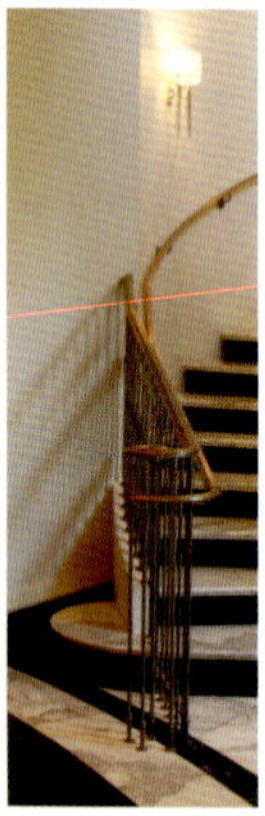

(6) 橱柜

好莱坞摄政风格的橱柜与其家具一样表面采用亮漆处理，色彩大多为白色和黑色；还有些橱柜表面贴满镜片，或者是亮漆与镜面的混合。吊柜柜门常见圆形或者圆弧与直线组合的窗格。地柜台面材料包括玻璃、实木、金属和大理石等。

(7) 五金

把手常见蘑菇形和纽扣形，以及一些造型奇特的把手。常用材质包括镀铬金属和镀金金属。

(8) 壁炉

壁炉包括白色的大理石壁炉架或者漆成白色的木质壁炉架。壁炉架的整体造型稳重大方，具有新古典风格的特征。还有的壁炉架类似于装饰艺术风格壁炉，造型简洁如画框般围绕炉膛，没有传统的搁板。好莱坞摄政风格的壁炉罩与同期其他风格相近，大多偏爱孔雀开屏造型的黄铜壁炉罩。

悬浮壁炉（Floating Fireplace）是好莱坞摄政风格的特色之一。所谓悬浮壁炉即在壁炉架和炉膛的上方直接设计玻璃窗，代替了传统壁炉烟道的位置，从而产生一种壁炉悬浮的错觉，烟道其实是经过玻璃窗两旁的砖墙上升至屋面。

◆ 壁炉架

◆ 壁炉架

(9) 色彩

色彩是好莱坞摄政风格的关键要素，强烈而活泼，如红色、黄色和蓝绿色等，而孔雀蓝、番茄红、淡金色和靛蓝色则让人联想起旧豪宅中的异域色彩。这些色彩均应与白色或者黑色形成对比，来制造更强烈的戏剧效果，比如一把红色的椅子放在白色墙壁前面就能产生视觉焦点。

好莱坞摄政风格的基本色调包括白色、黑色、淡黄色和深褐色。其背景常常出现全白色、全淡黄色或者全黑色，在此基础上再点缀其他的色彩，如红色、粉红色、蓝绿色和黄色等。黑白色调的条纹、棋格和菱形是好莱坞摄政风格的标准色彩组合。

(10) 图案

好莱坞摄政风格的图案比较粗犷醒目，比如格子、动物、宽条纹和几何图形等，特别是色彩鲜艳的、来自传统摩洛哥彩绘瓷砖上的图案，它们经常出现在靠枕、地毯、窗帘和壁纸之上。来自中国的图案（包括竹节、鹦鹉和宝塔），以及来自希腊的传统纹饰是好莱坞摄政风格的标志性图案，此外还有大量由圆弧和直线组成的各式各样的格子图案。

4. 软装要素

（1）家具

好莱坞摄政风格的沙发、椅子和贵妃躺椅通常比较低矮舒适，线条简洁，采用带有丰富光泽的软垫面料（如丝绸、缎子和天鹅绒），造型受东方家具、装饰艺术风格家具、现代主义家具、英国摄政风格家具和拿破仑帝国风格家具的影响颇深。其软垫家具少不了簇绒钉扣和嵌边。簇绒按钮与沙发面料一致，而钉扣的钉头为金属材质。嵌边沙发和椅子则在嵌边上出现色彩对比。

沙发和椅子常常模仿自 19 世纪早期的英国摄政风格简洁而优雅的式样。沙发面料包括丝绸、天鹅绒、人造皮毛和织锦。沙发的扶手低矮，色彩明亮，与之搭配的靠枕不是同色系就是对比色系。成双的软垫凳作为补充家具布置在沙发旁。

椅子式样经常与东方家具有关，椅腿显露出来，椅背出现竹节造型。除了软垫之外，椅子表面其余部分常用色彩鲜艳的亮光漆处理。希腊传统纹饰作为新古典要素的符号经常出现在餐椅上。

好莱坞摄政风格的桌子尺寸不大，和其他家具的表面处理一样，桌台面也涂亮光漆，或者采用玻璃和镜面，玻璃和镜面用斜边拼接。亮漆色彩包括番茄红、普鲁士蓝或者黄绿色等。

卧室里的梳妆台和穿衣屏风常常饰以松散的丝绸和缎子。床头板造型常见中性色调的长方形和拱形，以及挡风椅背造型；它本身就是柔软并带光泽的软垫靠背。

◆ 餐椅

◆ 圆顶挡风椅

◆ 扶手椅

◆ 扶手椅

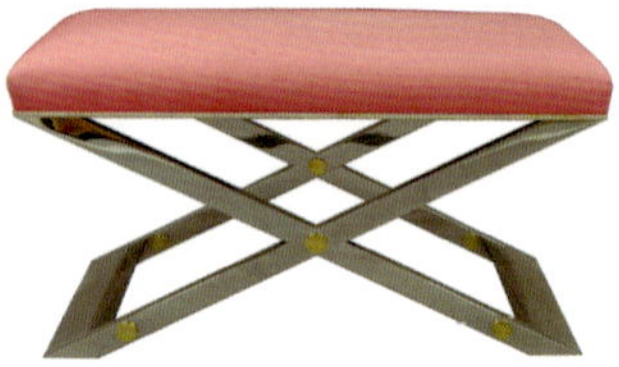

◆ 交叉凳

◆ 角凳

◆ 贵妃椅

◆ 沙发

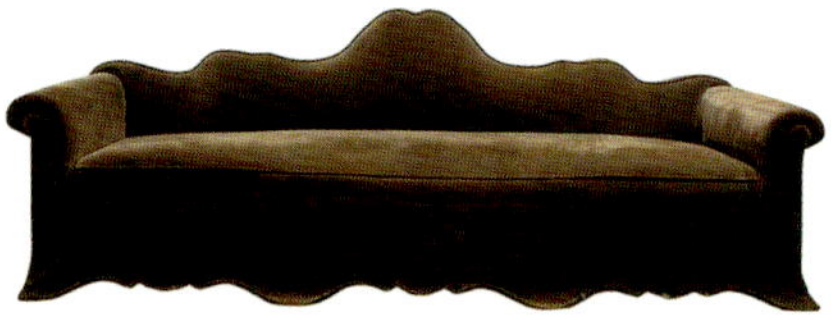

◆ 沙发

◆ 边几

◆ 咖啡桌

◆ 咖啡桌

◆ 电视柜

◆ 餐桌

◆ 靠墙台桌

◆ 靠墙台桌

◆ 餐边柜

◆ 餐边柜

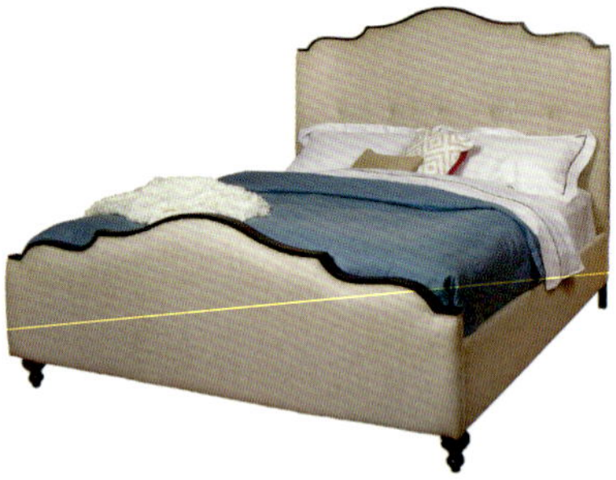

◆ 床具

◆ 床具

◆ 屏风

◆ 抽屉柜

◆ 酒架

◆ 床头柜

◆ 酒架

（2）灯饰

灯具造型比较简洁，但是要光彩照人。常见的好莱坞摄政风格灯饰包括闪闪发光的玻璃或者水晶吊灯、饰以坠珠或者流苏的灯罩、玻璃材质的台灯、蚀刻吊坠和水晶支柱的台灯、白色的丝质灯罩和模仿古典柱式的落地台灯等。台灯基座的造型常常出现车削栏杆型或者是类似糖葫芦型，特别是落地台灯的基座。基座的表面往往呈现出亮漆、金属质感或者玻璃质感。

带有异域情调的吊灯是好莱坞摄政风格最有代表性的灯饰，采用黄铜、青铜和玻璃材质，往往模仿阿拉伯或者摩洛哥吊灯的造型，大多呈圆柱形、六角形、球形和橄榄形。

◆ 桌台灯

◆ 落地台灯

◆ 水晶吊灯

◆ 吊灯

◆ 吊灯

◆ 桌台灯

◆ 桌台灯

（3）窗饰

窗饰不只是为了保护隐私，而且也是整体效果的组成部分。层次丰富，色彩柔和。常用的窗帘面料采用具有天然光泽并且富贵豪华的天鹅绒和丝绸，其中单色的天鹅绒是首选；不过为了更丰富的细节，可以选择深浅的同色系，并且带条纹图形或者其他织纹的天鹅绒面料。

虽然好莱坞摄政风格偏向于用浅色调，但窗帘面料的色彩可以作为主色调的补色。窗帘经常从顶棚一直垂落至地面，这样使空间显得更为富丽堂皇。除了利用丝绸的半透明性，遮阳帘和百叶窗也可用作辅助性的隐私保护窗饰。

黑色天鹅绒窗帘与银色呈几何图形的壁纸形成对比。窗帘杆与束带，还有家具的软垫面料和其他布艺形成互补，比如白金色的窗帘杆和杆头与银灰色调的背景搭配。

◆ 窗帘

◆ 床品

（4）床饰

床饰主要体现在印制于床罩、被套和枕套上协调的几何图形或者大马士革图形。床品以黑白色调或者素雅的中性色调为主，或者配合室内整体色调进行选择，床品色彩与床头板软垫色彩要协调一致，基本控制在 1~2 种色彩之内。床品材质包括手感光滑、柔顺的丝绸、棉布和天鹅绒。

（5）靠枕

采用宝石或者流苏饰边的靠枕有助于增添好莱坞摄政风格的迷人风采，但并不普遍应用；靠枕套面料基本选择天鹅绒，另外也有貂皮靠枕。靠枕套上普遍出现黑色或者其他色彩做背景来衬托典型的白色格子图案。大多数靠枕没有多余的边饰，并且经常与几只纯白羊毛靠枕形成对比。

◆ 靠枕

（6）地毯

好莱坞摄政风格的地毯色调明亮，图案粗犷，常见几何图形或者动物毛皮肌理（如斑马纹），又或者装饰艺术风格的抽象几何图形；有时候也应用兽皮或者人造毛皮地毯。好莱坞摄政风格的房间内往往不止一块地毯。

◆ 地毯

（7）墙饰

墙饰包括宽大的手工雕刻木质镜框和漆成黑色的超大画框等。镜框和镜面都是好莱坞摄政风格墙面的重要装饰手段，目的是为了制造闪烁光和投光效果。一些常见的墙饰手法包括：当代装饰画、20 世纪 30 年代明星黑白照，与装饰艺术风格类似的旭日放射形金色、银色或者白色镜框，以及模仿竹节并刷成金色的镜框。

◆ 挂钟

◆ 镜框

◆ 镜框

◆ 镜框

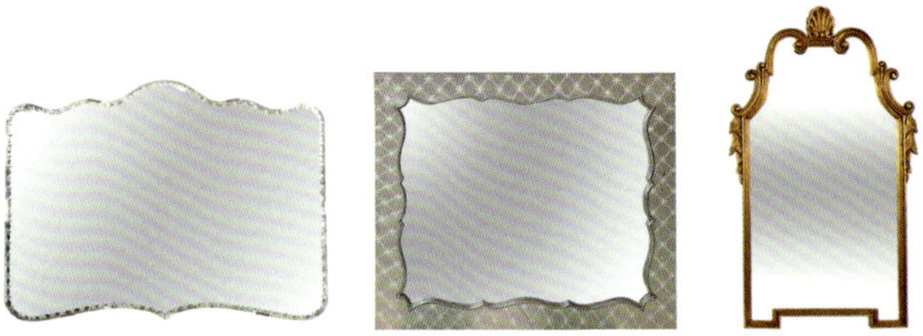

◆ 镜框

◆ 黑白摄影

（8）桌饰

典型的好莱坞摄政风格桌饰包括来自中国的瓷花瓶、白金色的相框或者镜框、金色的雕像、黄铜器皿、金色蚀刻碗和银色糖果盘等。来自于中国的福犬（Foo Dog）瓷质雕像和石膏半身雕像常见于壁炉架之上。

应用于 20 世纪 30—60 年代的日用品让人与黄金时代联系起来，比如拨盘电话、麦克风和电影胶片夹等，放在精致相框内的老明星照片也是不错的主题点缀。

◆ 储藏罐

◆ 果盘

◆ 烛台

◆ 艺术品

◆ 花瓶

◆ 花艺

（9）花艺

好莱坞摄政风格对于花艺的应用非常节制，它比较喜欢色彩华丽的插花，常用花材包括兰花、玫瑰花、绣球花和马蹄莲等。花艺的尺寸一般不大，通常用于装饰边几、咖啡桌、餐桌、抽屉柜和梳妆台。

好莱坞摄政风格的花器千姿百态、造型各异，有模仿古典双耳细颈的造型，有充满现代抽象艺术的造型，还有写实造型（如菠萝形）。花器材质包括黄铜、玻璃、陶瓷和大理石。

（10）餐饰

好莱坞摄政风格光洁的餐桌上没有桌布，注重保持整洁，中心饰物往往就是餐桌上的惟一饰品。中心饰物包括黄铜、银质、玻璃、水晶、大理石和陶瓷材质的果盘或点心盘，还有瓷砖小雕像和小型花艺展示。有时候出现与餐垫或者餐巾配套的桌巾，其餐饰着重于视觉效果，而非遵循传统。

好莱坞摄政风格的餐具数量和品种少于传统餐具，主餐盘直接放在餐垫或者托盘上，玻璃或水晶的餐具和酒杯是好莱坞摄政风格标志性的餐饰特征，不过主要以瓷质餐具为主。创建于 1824 年的、里德和巴顿公司（Reed & Barton）出品的模仿竹节手柄的银质刀叉是好莱坞摄政风格餐饰的另一特征，当然装饰艺术风格的刀叉也通用于好莱坞摄政风格的餐饰中。刀和叉分别布置在餐盘的右边和左边，酒杯则放在餐盘的上方。

◆ 酒杯

◆ 瓷盘

第十章 | chapter 10

现代风格

Modern Style

1、起源简介

（1）背景

19 世纪末兴起的工艺美术运动（The Arts and Crafts）和新艺术运动（Art Nouveau）都曾经为拯救传统文化而做出过努力，却无法阻止历史的车轮。至少在当时，现代主义（Modernism）是顺应了历史潮流与社会变革的必然产物。它是由当时的建筑师和理论家在新机器的时代精神和与传统决裂的迫切愿望下所产生的、具有高度自觉意识的艺术形式。

第一次世界大战结束之后，动荡的欧洲激发了艺术领域的先锋派运动（Avant-garde）。荷兰风格派运动（De Stijl）期望创造出一种通过纯粹几何抽象图形、三灰色与三原色来表达人类共通的艺术语言；包豪斯学校（The Bauhaus）和先锋派建筑师们（如勒·柯布西耶、密斯·范·德·罗与沃尔特·格罗佩斯等）则试图在传统技艺与工业技术之间搭建一座桥梁。

◆ 密斯的范斯沃斯住宅

◆ 柯布西耶的萨伏伊别墅

◆ 里特维尔德的施罗德住宅

现代设计作为现代主义运动的组成部分，最早可以追溯到 19 世纪晚期。本质上，现代主义与现代思维紧密联系在一起。现代派致力于摆脱启蒙时期的知识、创造与文化常规，冲破旧文化与创造的界线，发展出一套适应于工业革命后巨大变化的新规范与新观念。起初这是一场避免成为有组织宗教或者简单想法的理智运动，但很快便涉入到文学、艺术、音乐和设计领域，由此衍生出的次主流包括未来主义（Futurism）、包豪斯学派（Bauhaus）、新达达派（Neo-Dada）、立体派（Cubism）、极简主义（Minimalism）和抽象表现主义（Abstract Expressionism）。

现代抽象艺术一直伴随着现代风格成长，并成为现代建筑与室内设计方法中最具活力的艺术形式和灵感源泉。事实上，包豪斯成立之初的第一批教员当中就有抽象艺术奠基人瓦西里·康定斯基（Wassily Kandinsky, 1866—1944）和保罗·克利（Paul Klee, 1879—1940）这样的先锋人物。由康定斯基提出的点、线、面理论被奉为现代建筑与室内设计的基本指导方针。这一历史渊源注定了它们之间存在的内在关联，具备现代艺术的理性思维能力决定了理解抽象艺术的深度，而具备抽象艺术的理解深度则决定了拥有现代建筑与室内设计水平的高度。

20 世纪早期是一个充满着革新与发展的年代，社会与政治，文化与经济，矛盾与冲突，推动着人类进入到新纪元。1929 年因股市大崩盘带来的 10 年经济大萧条以及 1939—1945 年间的第二次世界大战，使得因技术、工程、材料、科学与艺术领域的巨大进步而彻底改变了人类的居住环境，但同时也消除了传统文化的区域特征与人文价值，加速了自然环境与传统文明的消亡。

1907 年由德国官方资助的德意志制造联

盟（Deutscher Werkbund）寻求美学与实用之间的平衡点，同时还要易于操作，大胆采用新色彩、新材料、新肌理和新式样，其宗旨在于推进德国与世界的设计水平，其应用新材料为普通大众进行批量生产的设计理念直接影响到后来的包豪斯学校。

第二次世界大战之后现代主义风格被国际主义风格（International Style）取而代之，国际主义风格抛弃了现代主义功能至上的原教旨转而追求形式至上，不过两者均使用最新的材料与技术，反对任何装饰和传统式样，强调简单的几何造型，并采用以中性色彩为主的色彩组合。

受日本传统建筑艺术以及禅宗哲学思想的影响，荷兰风格派运动（De Stijl）的艺术家们尝试运用基本的线条和平面来表达内心深处的思想。密斯·范·德·罗通过提出“少就是多”来阐述其关于建筑的复杂功能与简洁形式之间关系的美学理念，此名言成为极简主义建筑的座右铭。极简主义极其注重材料的光影、形态、材料细节、空间、位置和人类条件，通过剥离建筑的复杂外表来揭示其无形的内在品质，同时强调建筑与周围环境的关系。

受严格的现代主义教义约束，所有传统的装饰线条和装饰手段几乎消失殆尽。室内的要素，包括顶棚、墙面、地面、楼梯，甚至床具、桌子和椅子等都被抽象成为一系列的水平面、垂直面和斜平面等。现代风格的室内设计师们首先需要解决空间问题，极力保持空间的整洁、干净和通透，然后利用那些抽象化的水平面、垂直面和斜平面来相互打破、重组、穿插与支撑。这是一种全新的室内设计理念，对室内设计的引导价值传承至今。

20世纪50—70年代在美国流行过一种被称作“世纪中复古风格”（Retro Style）的建筑与室内设计式样。20世纪70年代开始流行至今的一种现代风格，被称作“当代风格”（Contemporary Style），这是一种融合了之前许多种风格的混合体，它们包括现代主义、后现代主义、装饰派艺术、解构主义和未来派等，不过相对严谨的现代风格而言，当代风格要宽松、开放和包容得多。

当产自于意大利和欧洲其他国家的家居产品席卷全球的时候，当代风格几乎就在一夜之间诞生。它更注重居住的舒适性、精致与优雅，强调更丰富的线条、色彩与肌理，线条简洁并且表面光滑，曲线柔和，充满着运动感和生命力。

（2）人物

◆格里特·托马斯·里特威尔德（Gerrit Thomas Rietveld, 1888—1964）。荷兰建筑师与家具设计师，荷兰风格派运动代表人物。1923—1924年设计的施罗德住宅（Schroder House）受到荷兰画家皮埃特·蒙德里安提出的水平线、垂直线、三原色（红、黄、蓝）和三灰色（黑、白、灰）的基本艺术原理影响，直线型、几何形和功能性要素成为荷兰风格派乃至现代主义早期的共识。其家具代表作品包括1934年创作的锯齿椅（Zig Zag）、1922—1923年创作的施罗德一号桌（Schroeder 1）、1918年创作的红蓝椅（Red & Blue）和1935年创作的乌特勒支扶手椅（Utrecht）。

◆瓦西里·康定斯基（Wassily Kandinsky, 1866—1944）。20世纪极具影响力的俄国画家和艺术理论家，也被认为是20世纪初第一个纯粹抽象艺术的鼻祖，不过他在30岁才开始从法律经济学转向绘画。康定斯基于1922—1933年在德国包豪斯学校任职，纳粹关闭包豪斯之后他移民到法国直至去世，在法国创作了一生中最重要的抽象艺术作品。康定斯基还是现代抽象艺术理论的奠基人，1911年他出版了《论艺术的精神》，1921年出版了《关于形式问题》，1926年出版了《从点、线到面》。康定斯基关于色彩与几何形状的理论为现代抽象艺术奠定了理论基础。其代表作品包括《白底2号》（*On White II*）、《即兴27号》（*Improvisation 27*）、《构成6号》（*Composition VI*）和《构成7号》（*Composition VII*）。

◆保罗·克利（Paul Klee, 1879—1940）。德国裔瑞士画家，画风深受表现主义、立体主义和超现实主义的影响。作为一名自然绘图员，克利不仅应用于创作而且深入研究了色彩理论，第二次世界大战之前与康定斯基一道在包豪斯学校任教。他的作品真实反映了其天生的冷幽默、单纯的视角、个性、信仰和乐感。代表作品包括《红气球》（*Red Balloon*）、《花神话》（*Flower Myth*）和《亡与火》（*Death and Fire*）。

◆皮埃特·蒙德里安（Piet Mondrian, 1872—1944）。荷兰画家，为荷兰风格派运动（De Stijl）做出重大贡献。蒙德里安发展出被他称之为“新造型主义”（Neo-Plasticism）的非再现形式，它是由一系列白色背景衬托下的水平和垂直黑线条与三原色所组成，这正是蒙德里安一生致力于探索纯粹抽象艺术的最终表现方式。其代表作品包括《三原色的构成》（*Composition with Red Blue Yellow*）、《构成2号》（*Composition No.2*）、《韵律》（*Rhytmus*）、《画面1号》（*Tableau I*）和《三原色矩形》（*Sans Titre*）。

◆康斯坦丁·布朗库西（Constantin Brancusi, 1876—1957）。罗马尼亚裔法国雕塑家，现代主义艺术的先驱，被称为现代雕塑的创始人。他的作品强调简洁而抽象的几何线条与材料内在形式之间的平衡关系，同时又具有再现艺术（Representational Art）的象征性暗示。代表作品包括《沉睡的穆斯》（*Sleeping Muse*）、《吻》（*The Kiss*）、《普罗米修斯》（*Prometheus*）、《波嘉尼小姐》（*Mademoiselle Pogany*）、《新生》（*The Newborn*）、《空中鸟》（*Bird in Space*）和《无尽的柱子》（*The Endless Column*）。

◆翁贝特·波丘尼（Umberto Boccioni, 1882—1916）。意大利著名的现代画家与雕塑家，未来主义画派的核心人物与理论家。作为其创作的主要形象，波丘尼帮助了未来主义（Futurism）运动美学变革的形成；其作品中关于形式的活力以及对于实体的解构对后来的现代艺术家影响深远。波丘尼的一生虽然短暂，但是他为世界文化遗产留下了大量的现代绘画与雕塑杰作。代表作品包括《城市上升》（*The City Rises*）和《独特的形式在空间的延续性》（*Unique Forms of Continuity in Space*）。

◆本·尼科尔森（Ben Nicholson, 1894—1982）。英国著名的现代抽象构图（有时候采用浅浮雕）、风景和静物画家。1934 年第一次拜访位于巴黎的蒙德里安画室时，立刻被蒙德里安的作品和思想深深吸引，并且为他与蒙德里安双双成为现代几何抽象派的两位代表人物奠定了不可动摇的基础，他们对于现代美术、设计和建筑的贡献不可磨灭。其代表作品包括《阿尔戈利斯》（*Argolis*）、《抽象构成》（*Abstract Composition*）和《构成》（*Composition*）。

◆芭芭拉·赫普沃斯（Barbara Hepworth, 1903—1975）。英国雕塑家，其作品作为现代主义的典范，与同时代的艾维·希钦斯（Ivon Hitchens, 1893—1979）、亨利·摩尔（Henry Moore）、本·尼科尔森（Ben Nicholson）和纳姆·嘉博（Naum Gabo, 1890—1977）齐名，帮助英国发展现代艺术（特别是雕塑艺术）。其代表作品包括《人类一家》（*Family of Man*）和《单形》（*Single Form*）。

◆亨利·摩尔（Henry Moore, 1898—1986）。英国历史上最伟大的雕塑家和艺术家之一，作品遍布世界各地，以半抽象不朽青铜公共雕塑著称，是英国现代主义运动的重要组成部分。代表作品包括《家庭成员》（*Family Group*）、《着垂褶裙的斜倚妇女》（*Draped Reclining Woman*）、《核能》（*Nuclear Energy*）和《国王与王后》（*King and Queen*）。

◆沃尔特·格罗佩斯（Walter Gropius, 1883—1969）。德国建筑师和建筑教育家。1919 年创办了德国包豪斯学校（Bauhaus），教学理念根植于工艺美术运动，早期受表现主义艺术影响颇深。与工艺美术运动不同，包豪斯并不拒绝机器，其办学目标之一在于统一艺术、传统技艺和工业技术，强调设计源自于创造原动力而非追随先例。

◆勒·柯布西耶（Le Corbusier, 1887—1965）。法国建筑师、设计师、画家、城市规划师和作家。通过 1928 年设计的萨伏伊别墅（the Villa Savoye）提出了著名的“建筑五原则”——自由平面、自由立面、横向长窗、底层架空与屋顶花园，成为国际风格的标杆人物。

◆路德维格·密斯·范·德·罗（Ludwig Mies vander Rohe, 1886—1969）。德国建筑师，现代建筑大师，因 1929 年设计的巴塞罗那世博会德国馆（Barcelona Pavilion）和 1950 年设计的范斯沃斯住宅（Farnsworth House）而成为现代主义的奠基者和代言人。密斯的著名格言“少就是多”成为整个 20 世纪世界现代建筑与室内设计的指导方针。

◆弗兰克·劳埃德·赖特（Frank Lloyd Wright, 1867—1959）。美国建筑师、室内设计师、作家和教育家。与以上几位现代主义建筑大师不同，赖特的空间更注重人的因素，更关心建筑与环境的有机结合。赖特通过运用均衡来最大限度地拓展居住空间以及与大自然亲近的设计理念影响至今，其代表作品为 1936 年设计的举世闻名的流水别墅（Fallingwater）。

◆康定斯基的作品

◆蒙德里安的作品

2、建筑特征

（1）布局

从某种意义上来说，现代风格比装饰艺术风格更为正式和严谨。现代风格居住建筑平面几乎只应用长方形与正方形的穿插与重叠。墙面也抽象成水平和垂直线条的组合。与装饰艺术房屋不同，现代风格的房屋经常建在空旷的郊外，常常架空离开地面，尽量不破坏周围的环境，注重与大自然融为一体。

（2）屋顶

屋顶基本为平屋顶，屋面隐藏在由外墙体升起形成的女儿墙后面，并且让女儿墙保持水平直线。为了强化立面效果，有时候出现斜屋顶或者弧形屋顶。另外一种平屋顶则让屋面延伸悬挑出外墙，形成宽大的雨篷。由于二层建筑体与一层建筑体的相互穿插，所以二层建筑经常成为一层的悬挑屋檐，而一层的屋顶则成为二层的露台，传统的屋顶概念被刻意淡化。

（3）外墙

由勒·柯布西耶提出的现代建筑五原则代表着现代极简风格建筑外立面设计的准则，它们是：①屋顶花园；②自由、开敞的平面；③横向长窗；④自由立面；⑤底层架空柱。早期现代风格的居住建筑外墙往往全部由落地玻璃取代，局部出现水泥实体墙或者白色粉刷墙面与玻璃形成对比。中晚期现代风格的居住建筑实体墙面积的比例逐渐超过玻璃窗的面积，最终成为一个造型更为复杂多变的水泥盒子。

（4）门窗

因为通常采用落地玻璃窗或者墙，窗户在现代风格建筑中已经与墙面融为一体。入户大门也基本采用玻璃与金属制造，位置相对隐蔽，通常由一条专门设计的走道引导人们进入建筑。

3. 室内元素

（1）墙面

现代风格的墙面强调水平与垂直线条，其特征之一便是消除了所有传统墙面装饰繁琐的图案和肌理；其墙面光洁无任何装饰，表面大多只有光滑、简洁的白色粉饰处理，保留和裸露未加修饰的建筑构件（包括混凝土梁与柱）。

通常出现于餐厅和书房里的胶合衬板是现代风格墙面的主要装饰方式，胶合衬板后来又被舌榫松木板所代替。玻璃砖经常用于需要更多光线的地方。隔板则用于需要开敞空间的公寓。

由勒·柯布西耶首创的、利用黏土砖和碎石块的粗糙面与灰泥粉饰的光滑面产生的不同肌理对比装饰手法，得到人们的喜爱和应用。

（2）地面

现代风格对于具有纹理的材料表面处理的理念是：朴实的优雅来自于最少的装饰。抛光擦深色清漆实木地板是首选，常用直铺与拼花两种方式铺贴。体现抽象艺术图形的现代地毯常常以实木地板收边。除了覆盖整个地面的昂贵地毯以外，还有一种直接铺在水泥浆找平地面或者胶合板之上的经济型油毡（Linoleum）可供选择。此外，缸砖（Quarry Tile）常用于厨房和门厅，软木地板（Cork Tile）或者油毡常用于浴室。后来又出现了石材地面和黏土砖地面等材料的应用。

（3）顶棚

顶棚恐怕是现代风格室内装饰工程当中最不被重视的内容，它的教义反对在顶棚做任何装饰处理，因此典型的现代风格顶棚通常光洁无任何装饰，表面采取与墙面同样的白色粉刷处理即可。直至 1929 年，这一教义被出生于澳大利亚的爱尔兰建筑师雷蒙德·麦克格拉斯（Raymond McGrath，1903—1977）打破，其室内设计采用了刻花玻璃穹形顶棚。

二次世界大战之后，现代风格关于顶棚装饰解除了最初的严格禁令。至少在美国，一种采用抛光松木板装饰顶棚的做法得到普遍应用，并且出现了更多具有雕塑感的顶棚造型设计，成为后现代主义（Post-Modernism）的先兆。

（4）门窗

新鲜的空气和尽量多的阳光是构成现代主义的先决条件，因此建筑师们设计出大面积玻璃推拉窗；他们还专门为特殊的景致而开设了所谓的景窗（Picture Window），还有像手风琴一样可以伸缩自如的折叠窗，以及可以完全缩入窗台的窗户等。

现代风格的窗框大量采用钢材取代了传统的木材。窗玻璃呈水平矩形，通常采用平开窗或者上悬窗的形式。呈弧形的角窗成为现代风格的标志性窗户式样之一。

现代风格开始大量使用胶合板制造的平板门，室内推拉门和玻璃门一度广泛流行。随着技术的进步，现代家庭开始普遍使用采用铝合金、玻璃纤维和塑料制造的门。

（5）楼梯

现代风格开敞的空间造就楼梯成为室内空间的主角。传统的栏杆柱已经消失，楼梯大多呈简洁的直线造型实体栏杆，通常采用玻璃、金属、木材与不锈钢等材料。采用圆钢管焊接的栏杆灵感来自于邮轮的甲板边缘栏杆；有时候甚至直接借用航海梯子爬上阁楼。

为了突出由钢材建造的、极具抽象雕塑感的楼梯造型，栏杆式样通常包括难以察觉其存在的透明式与实体造型的不透明式两种。透明式栏杆采用透明玻璃与实体楼梯形成对比；不透明式栏杆则采用与实体楼梯材质相同的木材、金属或者钢筋水泥，与实体楼梯融为一体。

（6）橱柜

现代风格橱柜以线条简洁的直线型为主，采用各种饰面复合板作为制造材料，表面呈现出木材、金属和亮漆效果，亮漆色彩包括红色、黑色、灰色和白色等。为了保持空间的通透与洁净，吊柜通常不接触顶棚，柜门包括实心门和磨砂玻璃门。地柜常用人造石材、不锈钢板和钢化玻璃作为台面。

（7）五金

拉手大多采用简洁的一字型和 T 型。材质包括不锈钢、拉丝镀镍金属、镀铬金属、有机玻璃和铝合金等。事实上，在现代风格的设计理念中，五金件不再是可视设计要素之一，它们经常设计成不易被发现的隐藏式。

（8）壁炉

现代风格不再使用传统壁炉架式样，而是将其视为艺术品单独考虑，注重造型、色彩与材质，并且常常运用不同的材料组合而成。现代成品壁炉式样包括悬挂式和独立式等，但是更多的设计师会为此单独设计。电气壁炉的诞生使得有色不透明玻璃或者不锈钢材质的壁炉架成为可能。

大多数的现代壁炉为简洁的几何形抽象造型，一块预制的水泥板或者金属板就能够充当流线型的壁炉架，并且常常设计书架与之形成整体。只要牢记非对称的现代造型原则，现代风格壁炉的创造力似乎永无止境。

（9）色彩

现代风格通常以米白色、浅米黄色和浅褐色等中性色彩为主调，同时点缀来自于某件家具或者饰品的醒目色彩。常见的色彩组合包括黑白色调配色、白色与咖啡色大理石配色、三原色配色、红黑色调配色、红绿色调配色、白色与原木色配色等。

现代风格的色彩灵感来自于抽象艺术中常用的醒目色彩。现代风格追求自然形态的肌理纹样，比如木纹、大理石纹、砖纹和金属纹等，并且会经常刻意让其产生肌理对比制造视觉冲击力。

（10）图案

现代风格摒除了一切传统装饰图案的应用，但是仍然热衷于采用几何抽象图形，来自自然界的斑马纹或者美洲豹纹因其类似于抽象艺术的图形而被广泛应用于纺织品、地毯或者装饰画当中。

4. 软装要素

（1）家具

◆ 里特威尔德的红蓝椅

现代风格的家具低矮，呈水平简洁线条，桌、椅、床和柜等腿部裸露，注重使用具反光功能的表面材料，比如钢材、镀铬金属和玻璃等，也采用天然木材和木质饰面板。为了保持空间的整洁和简约，一些可移动式家具常常做固定或者嵌入式设计，比如衣橱、抽屉柜和餐边柜等。

◆ 里特威尔德的 Z 形椅

尽管 20 世纪以来现代风格家具不断推陈出新，但其标志性家具仍然以早期现代建筑大师们设计的经典家具为代表，它们分别是：①里特威尔德于 1918 年设计的红蓝椅（Red and Blue Chair）、1934 年设计的 Z 形椅（Zigzag Chair）和 1935 年设计的乌特勒支扶手椅（Utrecht Armchair）；②马赛尔 · 布鲁尔（Marcel Breuer, 1902—1981）于 1925 年设计的瓦西里椅（The Wassily Chair）、1928 年设计的西斯卡椅（Cesca Chair）和 1935 年设计的躺椅（Chaise Longue）；③勒 · 柯布西耶于 1929 年设计的可调式躺椅（Chaise Longue）与弹性扶手椅（Confort Armchair）；④密斯 · 范 · 德 · 罗于 1929 年设计的巴塞罗那椅（Barcelona Chair）。

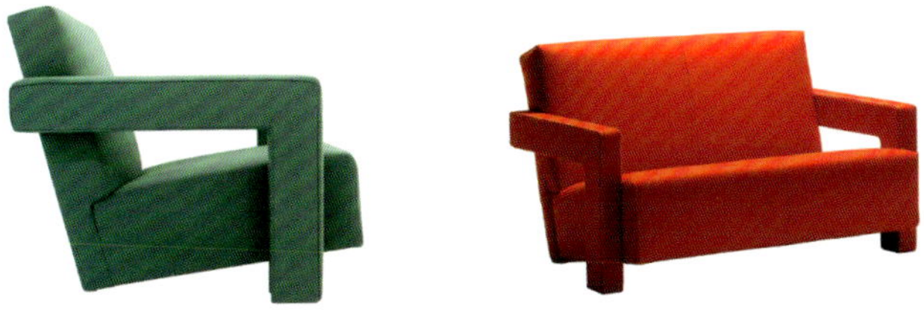

◆ 里特威尔德的乌特勒支扶手椅

◆ 布鲁尔的瓦西里椅

◆ 布鲁尔的西斯卡椅

◆ 布鲁尔的躺椅

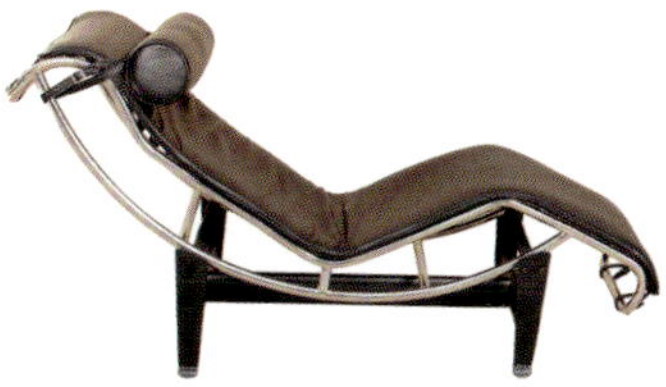

◆ 柯布西耶的可调式躺椅

◆ 柯布西耶的弹性扶手椅

◆ 密斯的巴塞罗那椅

◆ 密斯的交叉凳

◆ 密斯的扶手椅

◆ 密斯的西班牙庭院椅

◆ 密斯的 MR 钢管椅

◆ 密斯的无后腿沙发椅

◆ 柯布西耶的活动靠背扶手椅

◆ 柯布西耶的圈椅

◆ 伊姆斯椅

◆ 布鲁尔的西斯卡椅

◆ 密斯的躺椅

◆ 躺椅

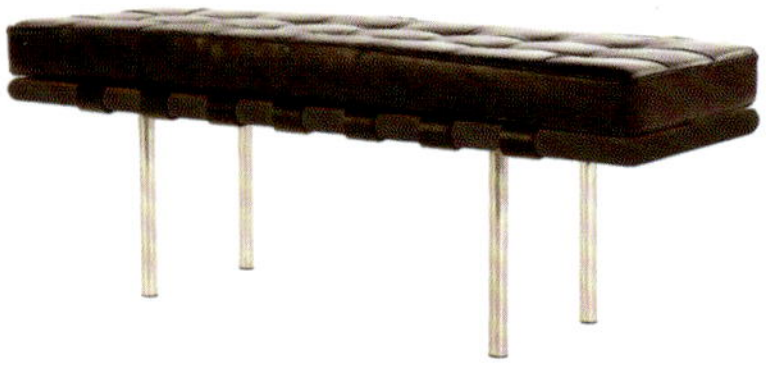

◆ 密斯的软垫长凳

◆ 沙发

◆ 沙发

◆ 柯布西耶的沙发

◆ 布鲁尔的咖啡桌

◆ 柯布西耶的咖啡桌

◆ 密斯的咖啡桌

◆ 餐桌

◆ 柯布西耶的餐桌

◆ 密斯的边几

◆ 餐边柜

◆ 床具

◆ 密斯的床具

（2）灯饰

除了别具一格、造型奇特并引人注目的吊灯或者落地台灯之外，嵌入式筒灯、轨道式射灯和绳索式吊灯都是现代风格最常见的普通灯饰，同时隐蔽式照明方式（间接光源）是现代风格的主要照明手段。20 世纪早期，形状如同翻过来的碗或者灯杆带球形的壁灯十分流行；铰接式镀铬灯杆带圆锥形灯罩的壁灯专为阅读之用；各式各样来自于北欧的塑料材质现代灯具得到普及。

由意大利设计师阿切勒·卡斯蒂格利奥尼（Achille Castiglioni，1918—2002）和皮尔·吉亚康莫·卡斯蒂格利奥尼（Pier Giacomo Castiglioni，1913—1968）于 1962 年设计的抛物线落地台灯（Arco Lamp），适合所有现代或者当代风格家庭，至今一直是现代风格经典的标志性灯饰之一。

◆ 柯布西耶的吊灯

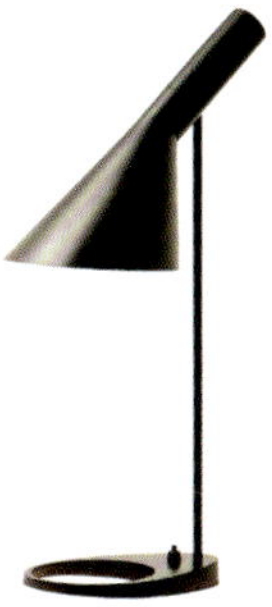

◆ 桌台灯

在现代室内空间设计领域，十款最具代表性的灯具包括：①Decode Heavy Light——由英国设计师本杰明·休伯特（Benjamin Hubert）于2008年设计；②Vitra Akari 10A Floor Lamp——由日裔美国设计师中江功野口（Isamu Noguchi）于1951年设计；③Anglepoise Type 75 Desk Lamp——由英国设计师肯尼思·格兰奇（Kenneth Grange）于2004年设计；④Moooi Random Suspension Light——由荷兰设计师伯杨·波特（Bertjan Pot）于2001年设计；⑤Flos Mini Kelvin LED Desk Lamp——由意大利设计师安东尼奥·塞特里奥（Antonio Citterio）于2011年设计；⑥Tom Dixon Beat Light Stout——由英国设计师汤姆·迪克逊（Tom Dixon）于2006年设计；⑦Flos Piani Table Lamp——由法国设计师罗兰·波罗莱克（Ronan Bouroullec）与尔旺·波罗莱克（Erwan Bouroullec）于2011年设计；⑧Muuto E27 Socket Suspension Light——由瑞典设计师马蒂亚斯·斯达邦（Mattias Stahlbom）于2008年设计；⑨Flos Tab Floor Lamp——由英国设计师爱德华·巴伯（Edward Barber）与杰伊·奥斯戈比（Jay Osgerby）于2007年设计；⑩Flos Gatto Table Lamp——由意大利设计师皮尔·吉亚康莫·卡斯蒂格利奥尼与阿切勒·卡斯蒂格利奥尼于1960年设计。

◆ 休伯特的灯具

◆ 中江功野口的灯具

◆ 塞特里奥的灯具

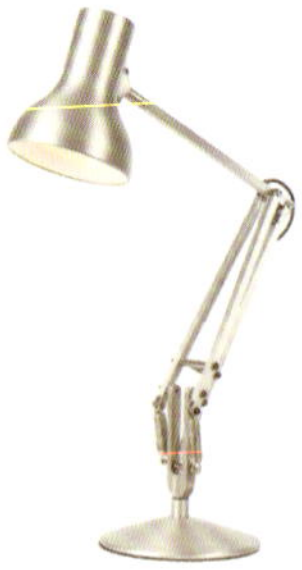
◆ 格兰奇的灯具

◆ 波特的灯具

◆ 迪克逊的灯具

◆ 波罗莱克的灯具

◆ 斯达邦的灯具

◆ 巴伯与奥斯戈比的灯具

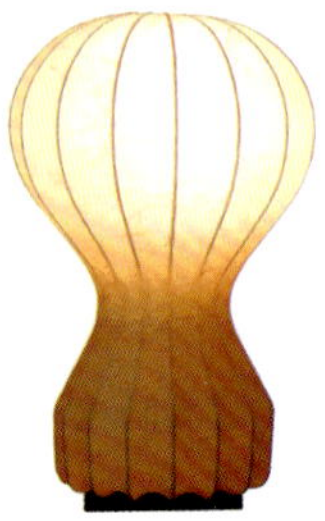
◆ 卡斯蒂格利奥尼的灯具

◆ 卡斯蒂格利奥尼的抛物线地台灯

◆ 地台灯

◆ 桌台灯

（3）窗饰

现代风格强调并享受自然光，窗帘喜欢简单方正、未加修饰，并且没有图案和褶边的布料，采用轨道式悬挂拉动帘头，用窗帘相同的布料制作的绑带取代了束带。此外，现代窗饰也常用百叶帘来取代窗帘。

有时候在帘头采用反向的褶裥，这样使帘头看起来充盈的同时窗帘布仍然平整。扣眼帘头是现代风格常见的式样，窗帘杆或者拉紧的金属丝穿过金属扣眼产生轻微的波折。

吊带帘头和绑带帘头都是现代风格另一种常见的非正式窗帘式样。简洁的罗马帘是现代风格常见的遮阳帘式样。如果采购了现成的、带褶裥帘头的窗帘或者罗马帘，可以应用直线型硬窗帘盒来遮挡帘头褶裥。

现代风格在窗户的处理上常用内藏轨道式窗帘，或者让窗帘杆隐藏于嵌入顶棚的窗帘盒内。为了保持现代空间直线条的连贯性，喜欢质感和垂感均佳的单色中性色彩面料，大部分情况下选择让窗帘自然下垂。

（4）床饰

现代风格的卧室是最能体现出主人品位的房间，当然主人也不会放过这个展示个性的机会。床品的花色与装饰画、摄影、窗帘或者地毯的色彩总是保持一致，并且通常使用成套的床品。传统的装饰性床饰（如床裙和床罩等）也通常被简单的被子所取代，自然沿床边下垂的被子不会掩盖枕头，因为枕头套的色彩往往在卧室整体色彩组合当中举足轻重。冬季会在被子的上面加盖一条毛毯，不用时折叠横放在床尾。

现代纺织品包括人造与自然两大类，其中人造织品有合成纤维织品和塑料等，天然织品有棉、麻、亚麻、帆布、绒面革、兽皮和皮革等。现代床品面料色彩鲜明，往往与房间内其他色彩形成互补关系。床品面料的常见图案包括条纹、花卉、植物、几何形和抽象图案等。

（5）靠枕

靠枕套的色彩是现代风格室内色彩的重要来源之一，它能够柔化光洁、冷峻与硬朗的表面材质，并且给严谨与精细的现代空间注入一丝生活的气息。靠枕基本以方形为主，无任何边饰。面料色彩鲜明、醒目，常见图案包括条纹、波浪形、几何形、花卉、鸟类、斑马纹、绿植和抽象图案等。面料材质包括棉布、亚麻及各种化纤材料。

◆ 靠枕

（6）地毯

现代风格的地毯本身就好似一幅铺在地面上的抽象艺术绘画，由五颜六色的几何抽象图案拼贴而成，与现代家具和灯具相辅相成、融为一体。当整体色调偏中性的时候，可选择色彩丰富的地毯；当整体色调已经饱和的时候，则选择黑、白、灰色系或者单色的地毯。地毯的色彩需要与墙饰和靠枕色彩取得联系，地毯的图形特征也需要与家具和灯具，甚至空间的形态取得一致。

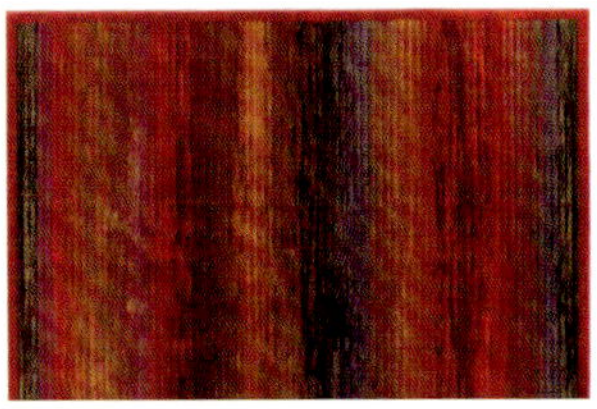

◆ 地毯

（7）墙饰

现代风格的家庭室内墙面是展示艺术品的最佳平台，这些艺术品包括现代抽象艺术风格的绘画、室内雕塑和黑白摄影作品。画框不再出现任何装饰性浮雕或者色彩，而全部采用直线型方边框。家庭空间展示艺术品的方式与美术馆展示艺术品的方式近似，需要认真考虑悬挂的位置、大小、角度和色调等要素，以及艺术品与周边其他物品之间的关系等。

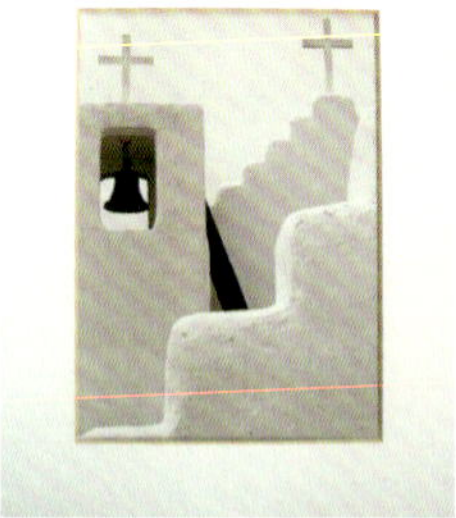

◆ 黑白摄影

◆ 黑白摄影

◆ 彩色摄影

◆ 抽象画

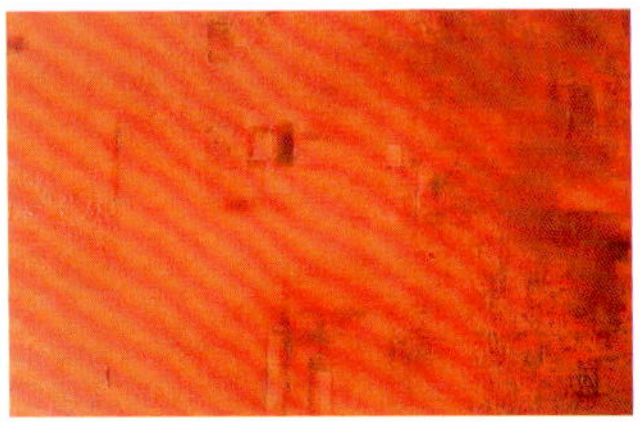
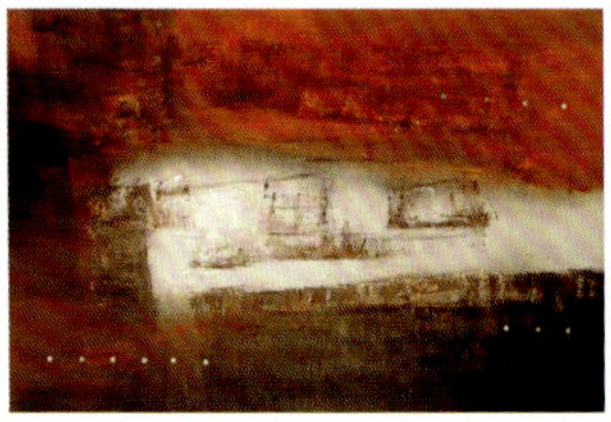

◆ 抽象画

◆ 抽象画

（8）桌饰

现代风格的家庭空间以整洁、有序和节制为主要特点，因此桌面均需保持洁净，只允许点缀少量的艺术品。偶尔在重要部位出现烛台或者个别黑色、白色的方边框相框，但均需严格控制数量，点到为止。现代风格的桌面艺术品种类有限，以玻璃、陶瓷和金属制品为主，大多为现代艺术家的手工作品。

◆ 艺术陶瓷

（9）花艺

传统花艺在现代风格的空间当中几乎荡然无存，取而代之的是放在地上的盆栽植物或者多肉植物，例如被修剪成形的黄杨、榕树、琴叶榕、橄榄树、甘蔗棕榈、散尾葵、喜林芋、白鹤芋、蓬莱蕉、三色铁、芦荟、龙舌兰、虎皮兰、剑兰和丝兰等。偶尔也会点缀颜色与形状别具一格的花卉，比如马蹄莲、蝴蝶兰、牡丹、玫瑰、木兰、郁金香和绣球花等。枯树枝常用于制造某种肌理对比效果，或者为了取得某种平衡关系。

餐桌上是经常能够看到展示花艺的地方。花器的角色已由原来花卉的配角转化为现在可以独立展示自己的主角，所以很多时候花器也作为一件精美的现代艺术品摆放在房间的重要部位。花器的材质包括玻璃、金属和陶瓷，经常为现代艺术家的作品。金属花器往往为简洁的立方体，表面有黑、白、灰三种颜色选择。

◆ 花艺

（10）餐饰

现代风格的餐饰追求艺术视觉效果，只是相比装饰艺术风格的餐饰显得略为正式，也更为简化一些。光滑、整洁的桌面上虽然没有桌布，但是桌巾往往被当作一件色彩道具，与餐桌的中心饰物、彩色玻璃酒杯和餐巾一道共同来完成这件艺术品。餐巾的色调和叠放方式是这件艺术品的重要组成部分，因此必须谨慎挑选色彩，而中心饰物则是这件艺术品的点睛之笔。

现代餐具的布置并不遵循传统摆放规则，而是根据整体视觉效果来决定餐具的颜色、大小和数量，以及餐具摆放的位置、距离和方向。餐具的材质包括玻璃、陶瓷和不锈钢，造型简洁、流畅，基本以单色为主。一般餐桌上餐具的色彩不会超过三种，常见黑白组合或者黑白红组合。有时会将餐具色彩与厨房或者冰箱色彩一起考虑。

第十一章 | chapter 11

北欧简约风格

Scandinavian Style

1、起源简介

（1）背景

1845 年：创立了瑞典工业设计协会（Swedish Society of Industrial Design），旨在支持和提高所有与手工艺相关的职业标准。

1879 年：成立了芬兰手工艺与设计协会（Finnish Society of Crafts and Design）。

1900 年：成立了瑞典设计协会（Swedish Design Society），专门从事工业设计国民教育，解决设计师与厂商之间的合作问题。同年，巴黎国际博览会，来自芬兰、瑞典、丹麦和挪威的设计开始引起人们的关注。

1907 年：建立丹麦手工艺与艺术工业设计协会（Danish Society of Arts and Crafts and Industrial Design）。同年成立挪威手工艺和艺术工业设计协会（Norwegian Society of Arts and Crafts and Industrial Design）。

1925 年：巴黎国际博览会，来自丹麦汉宁森的 PHINT 和瑞典的玻璃制品夺得多面金牌。

1930 年：瑞典斯德哥尔摩展览。

1939 年：美国世博会，展出来自瑞典的产品。

1954 年：美国“斯堪的纳维亚设计展”。

1956—1957 年：德国“丹麦新式样展”。

1960—1961 年：美国“丹麦的艺术”展览。

1961 年：英国伦敦“芬兰制造”展览。

1968 年：法国“斯堪的纳维亚的式样”展览。

北欧在英文中被称之为“斯堪的纳维亚”，它包括瑞典、丹麦、挪威、芬兰与冰岛，斯堪的纳维亚设计一词出现于 20 世纪 50 年代，以简约与实用而闻名于世。为了保护传统手工艺，北欧受到欧洲工业革命的影响较晚，没有与中欧轰轰烈烈的现代主义运动同步，但却有着自己独特的发展步伐，后来成为当今引领世界现代室内设计的一面旗帜。北欧简约风格风靡世界与北欧在 20 世纪产生的一大批优秀家具与灯具设计师密不可分。

北欧漫长的冬季和短暂的日照启发着设计师们去创造一个明亮、轻柔和实用的居住空间，他们不仅要应用有限的本地材料使空间变得尽量舒适，还要确保高品质的设

◆ 1930 年瑞典斯德哥尔摩展览会

计历久弥新。这一绿色的设计理念不仅影响到周边的国家，也传遍了世界。数百年以来，产品只以功能需要为设计目的的思想已经在北欧根深蒂固，北欧的设计思路也一直以功能主义为主轴线。

受到相对隔绝的地理位置影响，北欧设计师更加注重汲取来自各方的新思想。所有的产品均为个人而生产，它符合现行民主社会的观点，也成为北欧设计师的座右铭。北欧设计师一直秉持享受工作、让生活更加丰富多彩的传统信念，这样的设计师深受人们的敬重。

大批量机器生产并没有如美国那样在二次世界大战期间成为北欧产品的主宰，而且北欧的产业规模也要小得多。第二次世界大战之后，北欧相继成立了一系列相关的协会和学校来保护其传统手工产业。来自于传统工艺的技术被融入到了工业生产当中，最终创造出闻名的“工业艺术”（Industrial Arts）。

步入机器时代的生活变得更轻松，在满足功能需求的前提下，人们对于精神层面的情感需要也越来越迫切，这使得北欧的功能主义更加注重自然与人文。不过仍然存在部分极端的功能主义设计，它们为了纯粹的功能而摒弃所有的装饰。

早在 20 世纪 30 年代，就有一批北欧设计师和建筑师开始偏离现代主义呈几何形机械化思维的主道。他们将目光投向大自然，在自然界去寻找有机的自然形态，来满足他们在情感与精神上的需求。自然界的自然法则就是：世间万物的自然形态均来源于其功能，并为人类的创造提供材料。北欧设计师和建筑师不再幻想如何去改变世界，相反，他们更注重如何增强自己的人文体验。

与 1923 年重于宣传传统手工技艺的瑞典哥德堡展览不同，1930 年举办的瑞典斯德哥尔摩展览（Stockholm Exhibition）是一届专注于基本的工业建筑与家具设计的商品交易会，第一次将实用型家具设计与社会改革同等看待。展览会展示了最新的工业建筑设计、蓝领公寓原型设计与运用工业材料批量生产的家具；在向世人展示北欧设计师非凡创造力的同时也为北欧设计确立了发展方向。展览会上展出了一些划时代意义的北欧现代家具，比如著名的瑞典建筑师斯文 · 马克利乌斯（Sven Markelius, 1889—1972）设计的钢管皮椅、瑞典建筑师西格德 · 劳伦兹（Sigurd Lewerentz, 1885—1975）设计的扶手椅和建筑师与设计师阿克塞尔 · 艾纳 · 乔斯 (Axel Einar Hjorth, 1888—1959) 设计的小圆桌等。

被誉为北欧现代室内设计之父的约瑟夫 · 弗兰克提出以白色作为背景色，可以为其他物品的色彩选择提供最大的自由度，白色墙面与其他物品的色彩可以取得最佳平衡感，为北欧室内设计奠定了理论基础。弗兰克反对矫揉造作的细节设计，提倡反映个人趣味与家庭氛围的自由混搭，强调家庭装饰与使用者的独特关系，认为所有家具都是独立的、活生生的有机体，其温馨的人文主义思想与教条的现代主义理念格格不入。

20 世纪早期，世界其他地区对于北欧简约风格还比较陌生，最早通过 1930 年举办的瑞典斯德哥尔摩展览和 1960 年随丹麦皇室访美在纽约举办的丹麦艺术展，从此开始让世人认识并接受“斯堪的纳维亚设计”。“斯堪的纳维亚设计”意味着简约、美观和干净，源自于大自然与北方气候条件，适合于世界上所有希望享受当地环境并与之和睦相处的人们。

（2）人物

◆ 约瑟夫 · 弗兰克（Josef Frank, 1885—1967）。是一位出生于奥地利后入籍瑞典的犹太裔建筑师、艺术家和设计师。他创办了维也纳大学建筑学院（Vienna School of Architecture），也提出了北欧现代住宅与室内设计的新概念。

◆ 卡尔 · 马姆斯登（Carl Malmsten, 1888—1972）。被誉为北欧家具设计之父，他曾经因为拒绝参加 1930 年的斯德哥尔摩展览而被批评为反现代主义者。马姆斯登提倡应用瑞典民间传统技艺于现代设计当中，他自己勤于实践，其作品线条简洁，喜欢采用自然材料（如柳条）。

◆ 布鲁诺 · 马松（Bruno Mathsson, 1907—1988）。作为瑞典家具家族的第四代传人，1931 年根据人体工程学曲线和采用多层山毛榉木设计的“蚱蜢椅”（Grasshopper）而赢得世界瞩目。他第一次向世人展示了如何将自然材料与优美造型在功能性家具上共存的完美范例，成为功能性家具学派的开拓者。

◆ 凯尔 · 柯林特（Kaare Klint, 1888—1954）。于 1924 年创办了丹麦皇家美术学院，引导丹麦走上了现代设计之路。柯林特设立了“设计必须以理解传统家具结构为根本”的设计准则，其家具以人体比例为依据。与柯林特同学的阿恩·雅各布森（Arne Jacobson, 1902—1971）是丹麦建筑与家具设计大师，其代表作为 1958 年设计的“天鹅椅”，又称“蛋椅”（Egg Chair）。

◆阿尔瓦·阿尔托（Alvar Aalto, 1898—1976）。作为世界著名的芬兰建筑师与设计师，第一个将现代主义设计理念引入北欧，同时融合了芬兰当地的自然与文化特点，倡导人性化的设计，是有机设计的先驱者之一。他提出“人类不应该破坏环境，而应该与之和睦相处，并且保护其本来面目”。阿尔托对于北欧家具设计发展的最大贡献在于应用弯曲木胶合板，其特点为采用浅色桦木弯曲后呈轻巧的有机曲线。其代表家具为“帕米奥椅”（Paimio Chair）和 60 号凳（Stool 60）。

◆芬·祖尔（Finn Juhl, 1912—1989）。既是丹麦建筑师，也是室内设计师和工业设计师，但是让他在现代设计名人堂中占有一席之地的是其卓越的家具作品。祖尔家具创造性地将承载结构与坐面分离开来，其中最著名的家具是“酋长椅”（Chieftain Chair）和“鹈鹕椅”（Pelican Chair）。

◆汉斯·维格纳（Hans Wegner, 1914—2007）。是世界著名的丹麦家具设计师，被誉为“椅子大师”，其创作灵感部分来自于中国古典家具。维格纳设计超过 500 件各式各样的椅子，常常作为设计学校学习有机功能家具的典范，其中最具代表性的家具包括“孔雀椅”（Peacock Chair）、“肯尼迪椅”（Kennedy Chair）和“公牛椅”（OX Lounge Chair）等。

◆查理斯·伊姆斯（Charles Eames, 1907—1978）与蕾·伊姆斯（Ray Eames, 1912—1988）。都是美国现代家具设计大师，但是因为其设计理念与北欧现代家具设计理念异曲同工、不谋而合，故家具经常被应用于北欧简约风格家居当中。伊姆斯运用弯曲胶合板和玻璃纤维制作的家具成为其设计的标签，代表作品为伊姆斯躺椅（Eames Lounge Chair）。

◆埃罗·萨里宁（Eero Saarinen, 1910—1961）。是芬兰裔美国建筑师与设计师，因其如雕塑般优雅而流畅的曲线设计而名扬天下。他于 1956 年设计的独腿郁金香（Tulip）系列灵感来自于一滴高黏稠度的液体，推向市场便一炮而红、长盛不衰，成为北欧简约风格的标志性家具之一。

◆保罗·汉宁森（Poul Henningsen, 1894—1967）。是丹麦建筑师与设计师，因其设计超过百件的“PH”系列灯具而闻名天下。其灯具的共性为多层灯罩、有机体造型、光线分散而柔和，如灵感来自于松果的洋蓟吊灯（HP Artichoke Lamp）；与北欧简约风格家具搭配天衣无缝、相得益彰，成为北欧简约风格的标志性灯具。

◆尼尔斯·斯特里宁（Nils Strinning, 1917—2006）。于 20 世纪 50 年代设计出标志性的斯特林书架系统（String Shelf System），以其通用性的特征赢得全世界人们喜爱，至今在世界范围内经久不衰，成为今天“北欧风格”的奠基人之一。

◆维纳·潘顿（Verner Panton, 1926—1998）。设计灵感来自于波普艺术，作为 20 世纪最富创造力的设计师，其作品夸张、有力、醒目，充满未来感，与伊姆斯和萨里宁家具一样都是电影和摄影师眼中的最爱。代表作品包括“潘顿椅”（Panton Chair）、“蛋筒椅”（Cone Chair）和“心形蛋筒椅”（Hart Cone Chair）等。

◆ 瑞典设计师斯文·马克利乌斯的设计

◆ 瑞典设计师西格德·劳伦兹的设计

◆ 瑞典设计师阿克塞尔·埃纳尔·约尔特的设计

2、建筑特征

（1）布局

北欧简约风格居住建筑的平面布局包括一字形、L 字形、U 字形和 T 字形等，以及多个长方形和正方形的组合。房屋设计将朝向阳光的一面尽量敞开，让阳光透过玻璃进入房间。

（2）屋顶

屋顶的形式基本分为坡屋顶和平屋顶两种，其中坡屋顶包括单坡、双坡和四坡。针对北欧气候条件，30~45 坡度的屋顶比平屋顶更实用，同时也获得更高能效。采用粘土筒瓦铺就的屋顶檐口均用挡风板收口，此外还可以选择石板、黑色平瓦或者镀锌板等。为了更好地利用阳光，坡屋面上经常安装玻璃天窗，有时候根据需要设计老虎窗。

（3）外墙

传统北欧外墙往往采用白色灰泥粉刷，现代北欧外墙常用材料包括木檐板或者玻璃纤维板，此外也常见砖墙或者石墙，这些材料经常混合使用。

（4）门窗

木框窗户基本都是整片三层真空保温隔热玻璃，中间没有窗格。玻璃窗的面积通常比较大，特别是面向太阳方向的窗户。窗户的开启方式包括固定窗、侧滑窗、侧开窗、上悬窗、上滑窗和上摇窗。叠层式实木大门通常只带有一个简单的雨棚，只有二层楼房才有前廊或者门廊，有时候为了阻挡寒风而设计封闭式门廊。

3. 室内元素

（1）墙面

北欧简约风格的墙面没有多余装饰，大部分情况下只是进行简单的白色粉饰处理；不过对于某片重要墙面则可能选择带淡雅色彩和重复图案的壁纸，或者粉刷成中性色彩（比如中度灰色等）；有时候会在墙面局部铺贴勾勒白缝的黏土砖来制造肌理对比的视觉效果。

起源于芬兰的桑拿浴（Sauna）有着2000年以上的历史。应用于桑拿浴室的松木板条也经常用于家庭室内墙面装饰，给家庭带来整洁、温暖与肌理的视觉效果。

（2）地面

北欧简约风格的地面大多铺贴浅色或者漂白的实木地板，常用现代地毯覆盖整个房间，但也经常将小块地毯应用于局部重要区域（如客厅沙发区和卧室床边），小块地毯图案多以条纹或者浅色为主。

（3）顶棚

对于顶棚，通常只做白色粉刷处理，无论是石膏吊顶还是裸露的平行梁，均一视同仁刷成白色。

（4）门窗

由于特殊的气候原因，自然光是北欧人不可缺少的组成部分，因此尽量扩大窗户面积是建筑设计时的首要考虑要素，而且最好不要有遮挡。

除了经典的白色门扇与窗框之外，浅木色的门扇与窗框也常见于北欧简约风格室内，与同样浅木色的家具和橱柜形成完美的整体。门的表面光滑，无任何装饰。

（5）楼梯

不像现代国际风格那样刻意强调楼梯的存在，北欧简约风格的楼梯造型简洁，空间狭窄，注重实用，很多时候楼梯下部会被利用作为储藏室。为了节省有限的空间，普通家庭经常采用木质或者金属螺旋楼梯。受空间限制，楼梯本身的坡度比较陡峭。除了踏板保留木色之外，木质楼梯的其余部分通常漆成白色。金属螺旋楼梯的金属构件有漆成白色和黑色两种选择。

为了尽量不占用空间，栏杆经常被省略掉。楼梯栏杆式样很少，通常只是圆柱形或者方柱形细杆状构件。

（6）橱柜

北欧简约风格的橱柜造型非常简洁实用，基本采用白色的板材组合而成，表面无任何装饰线条。吊柜与顶棚之间往往有空隙，柜门多用实心门，也有的吊柜采用搁板代替。地柜常用仅作清漆处理的厚实木胶合板或者不锈钢板为台面。

（7）五金

北欧简约风格的把手造型基本为简洁的纽扣形和蘑菇形，拉手造型大多为一字型、T 型或者头巾形，其材质以镀镍金属、不锈钢和陶瓷为主。

（8）壁炉

北欧漫长冬季的特征决定了壁炉在家庭中的重要性；无论是过去还是现在，北欧家庭生活均离不开壁炉。很多时候北欧简约风格家庭会沿用其传统壁炉的外形——一种置于墙角的高耸圆柱形陶瓷壁炉，其洁白的釉面和美丽的造型成为北欧家庭的标志。此外，现代北欧壁炉式样还包括各种几何造型的黑色铸铁壁炉和表面粉刷成白色的砖砌壁炉。

（9）色彩

北欧简约风格的色彩以中性色为主，如白色、米色和浅蓝色等，有时候会出现淡绿色，且经常以醒目的红色、品蓝或者翠绿作为点缀。为了制造特殊的视觉效果，偶尔会出现适度的黑色在某片墙面或者家具软垫面料之上。

保留并展现木材的自然本色是北欧简约风格的典型肌理特征。北欧人经常应用灰色油将松木或者橡木的天生黄色消除。

（10）图案

北欧简约风格本身并没有标志性的装饰图案，其典型图案均为经过艺术化了的装饰性花卉和彩色条纹，通常为点缀色彩的来源而存在，主要出现在织品和印刷品之上。北欧的自然物产常常成为织物或者装饰画图案的原型，比如松果、鹿、雪花和雪橇等。北欧原住民萨米人（Saami）的传统手工编织品中出现的简单几何图案也成为现代北欧简约风格中常见的装饰图案，它们通常由鲜艳的红、黄、蓝三色组成。流行于18—19 世纪的瑞典民间达拉木马（Dala Horse）图形也常见于北欧简约风格的织物和装饰画当中。

4. 软装要素

（1）家具

北欧简约风格家具简约而优雅，采用淡擦色保留自然木纹；如果使用油漆通常漆成白色或者淡黄色。它们极少饰以软垫，床具低矮无任何装饰，并且大多出自那些举世闻名的家具设计大师之手，由家具公司批量生产、销售。

最具标志特征的北欧简约风格家具包括：①阿尔瓦·阿尔托于 1928 年设计的模压胶合板椅；②汉斯·维格纳于 20 世纪 50 年代设计的 Y 形椅（Y Chair）与孔雀椅（Peacock Chair）等；③查理斯·伊姆斯于 1956 年设计的伊姆斯躺椅（Eames Lounge Chair）与模压塑料椅（Eames Plastic Armchair）等；④埃罗·萨里宁于 1956 年设计的郁金香（Tulip）桌椅；⑤维纳·潘顿于 1960 年设计的潘顿椅、1958 年设计的蛋筒椅（Cone Chair）和 1959 年设计的心形蛋筒椅（Heart Cone Chair）等。

常见的北欧风格现代家具包括床具（主要是平板床）、办公家具（特别是办公椅）、皮质躺椅、咖啡桌和北欧柚木家具等。尽管北欧简约风格的家具以简洁的几何线条特征闻名于世，但如在空间中混合一盏产自于 19 世纪的水晶吊灯，或者是一张奢华的路易十六餐椅，更能够体现出混搭的装饰本质。

◆ 阿尔瓦·阿尔托家具

◆ 汉斯·维格纳家具

◆ 汉斯·维格纳家具

◆ 布鲁诺·马松的蚱蜢椅

◆ 伊姆斯家具

◆ 雅各布森的蚂蚁椅

◆ 克尔·索尼特弯曲木椅

◆ 卡尔·马姆斯登家具

◆ 延斯·里索姆休闲椅

◆ 凯尔·柯林特家具

◆ 约瑟夫·弗兰克家具

◆ 扶手椅

◆ 扶手椅

◆ 沙发

◆ 沙发

◆ 咖啡桌

◆ 餐桌

◆ 餐桌

◆ 餐边柜

◆ 约瑟夫·弗兰克家具

◆ 床具

◆ 抽屉柜

（2）灯饰

北欧简约风格的灯饰是不可忽视的构成要素之一。不仅仅是因为北欧漫长的黑暗冬季，而是营造简约氛围空间的主要配角。保罗·汉宁森设计的灯具往往作为标志性灯具被广泛应用于北欧现代家庭，其代表作品包括 1925 年设计的 PH 台灯（PH-Lamp）、1942 年设计的 PH 盘旋台灯与吊灯（PH Spiral Lamp）、1957 年设计的 PH 百叶吊灯（PH Louvre）、1958 年设计的 PH5 号吊灯（PH 5）和 PH 洋蓟吊灯（PH Artichoke）等。经典北欧灯饰还包括维纳·潘顿设计的球形灯（Vp-Globe）和潘顿灯（Panton Lamps）。

除此以外，嵌入式筒灯和轨道式射灯都是北欧简约风格最常用的普通照明灯具。

◆ 保罗·汉宁森 PH 吊灯

◆ 保罗·汉宁森吊灯

◆ 保罗·汉宁森吊灯

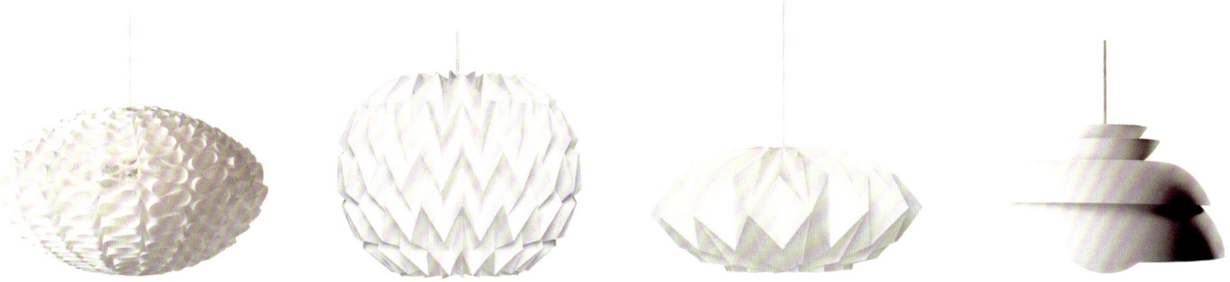

◆ 吊灯

◆ 吊灯

◆ 吊灯

◆ 阿尔瓦·阿尔托吊灯

◆ 保罗·汉宁森台灯

◆ 桌台灯

◆ 桌台灯

◆ 桌台灯

◆ 地台灯

◆ 地台灯

（3）窗饰

白色或者浅色窗帘布需要有效地屏蔽眩光和噪音，并且能使视觉柔和；对于漫长冬季的北欧来说，最重要的还是能够让尽量多的光线进入房间。因此，北欧简约风格用于窗帘布料的织品主要包括白色的半透明薄绸、薄织麻布和带织纹的薄纱。窗帘帘眉式样通常采用扣眼式或者吊带式两种。

（4）床饰

北欧简约风格床饰十分重视应用自然材质——皮革、羊毛和棉布；同时也应用现代人造纤维——尼龙、腈纶和涤纶。印花棉布包括绒面呢、棉绸、帆布、哔叽呢和棉缎，印花图案包括花田、海浪、小船、树木、树叶、雪花、动物、鸟类和几何图形等。

◆ 床品

◆ 靠枕

（5）靠枕

北欧简约风格的靠枕往往是房间主要色彩的来源之一，其纯净、鲜艳的色彩通常起到画龙点睛的作用。靠枕的常见图案包括几何形、花卉、树叶、鸟类、人物、条纹和水波纹等，朴实、自然，充满童趣，大多为正方形或者长方形，并且无边饰。

创办于 2008 年的丹麦 by nord 公司出品的系列北欧靠枕，浑身散发出北欧原始而自然的气息，白色枕套正面图案通常为北欧特有的自然植物，包括花卉、果实和树木等，充满着大自然的亲切感，是当代北欧简约风格靠枕中的代表。

（6）地毯

应用于北欧简约风格的小块地毯反映出北欧现代色彩与设计的民间工艺，包括源自亚历山大大帝横扫东亚时期就使用过的希腊手织羊毛粗厚绒面地毯（Flokati Rug）、希腊山羊毛地毯、粗毛地毯（Rya and flossa）和罗林堪织锦地毯（Rollikan）。

◆ 地毯

（7）墙饰

北欧简约风格喜欢运用大小不一的实木画框在墙面上进行组合，画框内大多为装饰画印刷品，内容祥和，色彩鲜明，充满童趣。对于比较重要的空间（比如客厅的主要墙面上）往往悬挂一幅色彩醒目、内容抽象的油画作为饰品。

简洁的黑框或者白框圆形挂钟常见于北欧家庭中。相对于画框来说，镜框的尺寸要大得多，形状包括长方形、椭圆形和波浪形等。框架常常采用实木擦色后清漆处理，或者采用纤维板贴膜。

◆ 装饰画

◆ 挂钟

◆ 镜框

◆ 装饰画

◆ 挂钟

◆ 装饰画

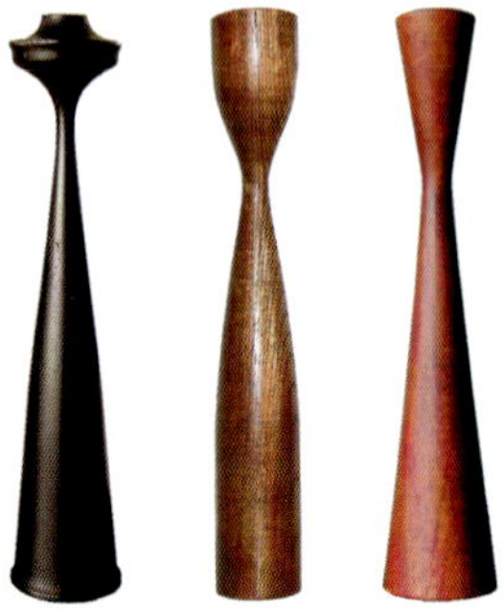

◆ 烛台

◆ 烛台

◆ 装饰案板

（8）桌饰

北欧简约风格的饰品包括玻璃器皿、陶瓷器皿和金属制品等，其中以玻璃器皿最为引人注目。玻璃制品包括烛台、花瓶、储藏罐、酒杯、水杯、水壶和水瓶等。

围绕蜡烛而设计的各种烛灯、烛杯、烛盘、烛托和烛台是北欧简约风格的一大特色，它们可以应用于任何房间，为冰冷的北国冬季带来一丝温暖。

相框能够体现出亲情的温暖，北欧简约风格的相框基本呈长方形和正方形，少数相框为圆形或者圆角正方形。框架材质从过去的实木逐步改变为现在的纤维板贴膜。框架颜色以黑色、白色、原木色或者褐色为主。

（9）花艺

虽然北欧的地理环境不适合花卉的生长，但是这并不影响北欧人对于花卉的喜爱，几乎每个房间都能够看到插在玻璃瓶中的鲜花。北欧人并不在乎花艺的造型是否漂亮，他们更在意的是花卉的色彩与房间其他色彩是否协调。北欧简约风格常用的花材包括郁金香、杜鹃、玫瑰花、兰花、大丽花、丁香花、百合花、天竺葵、非洲菊、菊花、春白菊和番红花等。

花器基本上不是玻璃就是陶瓷材质，偶尔会出现金属材质或者木质的花器。花器的造型基本呈几何形，如立方体、圆柱体、倒圆锥体或者不规则体，你几乎看不到传统花器的影子。出于对玻璃制品的偏好，北欧人经常利用各种玻璃制品（包括玻璃瓶或者罐等）当作花器使用。

阿尔瓦·阿尔托于 1936 年创作的“阿尔托花瓶”（Aalto Vase）设计灵感来自芬兰湖泊，由芬兰伊塔拉公司（Littala）将其推出市场之后便成为北欧简约风格标志性的花器。

◆ 阿尔托花瓶

◆ 花瓶

◆ 花瓶

◆ 花艺

（10）餐饰

北欧简约风格的餐饰通常离不开绿色、环保这个主题，所有的相关产品均会围绕这个主题来展开，同时会体现出北欧人一贯的朴实作风和人文关怀。柠檬和水壶随意摆放，显得温馨而又体贴。一盆鲜花或者水果仅在餐桌不使用并且餐具被撤离的情况下摆放在中心位置。

北欧简约风格的餐桌上很少铺桌布，但通常会在每位餐位前放一块颜色淡雅的棉质、亚麻、复合纸板或者塑料餐垫，其上摆餐盘和餐碗。有时候也用复合纸板或者塑料浅托盘代替餐垫。餐桌上通常没有中心饰物，但是各式各样、五颜六色的玻璃器皿会布满餐桌。

标志性的北欧餐具是创建于 1881 年的芬兰伊塔拉公司（Littala）出品的瓷器系列和玻璃系列，以及诞生于 1958 年的挪威菲尤尔（Fjord）设计并由哈丹格－贝斯提克（Hardanger-Bestikk）出品的不锈钢刀叉。餐具不一定购买全部成套产品，往往出现餐盘是一套色彩而餐碗又是另一套色彩的搭配，显得轻松、亲切、愉快而随意。刀叉也不一定按照欧洲传统的规矩摆放，经常将餐叉、餐刀和汤勺都放在餐盘的右边（刀锋仍然朝内）。餐盘的上方摆咖啡杯或者玻璃杯，至于酒杯则根据需要摆放。

◆ 瓷盘

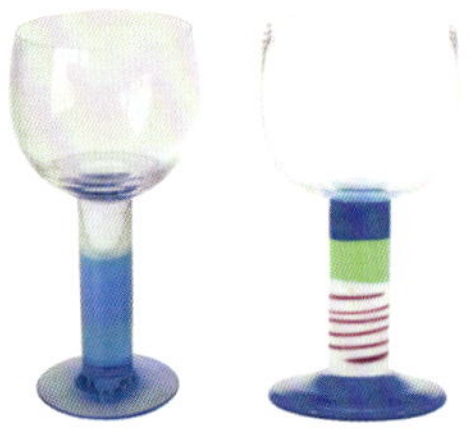

◆ 酒杯

◆ 水杯

第十二章 | chapter 12

复古风格

Retro Style

1、起源简介

（1）背景

◆ 复古时代家居

第二次世界大战之后，人们普遍沉浸在一片对未来的憧憬之中，新生活的富足和乐观主义的盛行催生了复古风格的诞生。新兴消费者们渴望不同于父辈们的现代生活，深色传统式样已经过时，流线型、装饰派艺术（Art Deco）家具，既漂亮又使用方便的款式成为人们追逐的新时尚。

复古风格一词作为后现代艺术广告与大众传媒的象征与形象，被认为属于怀旧风格（Vintage）至少有 15~20 年时间，例如 20 世纪 80—90 年代的服装就被认为是复古。“Retro”一词来源于拉丁语前缀，意指“向后”或者“过去式”，意味着向后而非向前的运动。二次世界大战之后，“制动火箭系统”一词开始被美国航天计划频繁使用，因为火箭需要产生与航天器运动轨迹相反的助推力。

复古风格最早在英国兴起，并于 20 世纪 50 年代引领潮流，传播到北美洲乃至全世界。今天的复古艺术（Retro Art）属于兴起于 20 世纪 40—50 年代的波普艺术（Pop Art）范畴。复古风格时常让人感到异想天开，轻易就能联想到波普文化，或者在艺术上用娴熟的技巧表现出浅薄鄙俗，而这正是复古风格的本质所在：迎合低级趣味的作品，代表了那个时代的大众品位，也有人称之为“才华”。

复古风格本身并没有一个明确的定义和时间表，对于不同的领域，它所包含的时间跨度不同。对于时尚界，复古风格意指 20 世纪 50—80 年代；对于电脑界，复古风格横跨 70—90 年代；对于家具界，复古风格指的是 50—70 年代。与复古风格相关的新生事物包括 50 年代的阿飞风格（Teddy Boy）、50 年代的嬉皮士风格（Hippy）与 60 年代的摩登派（Mod），当然也少不了 70 年代的喇叭裤和朋客摇滚乐等。

1951 年举办的英国艺术节（Festival of Britain）给了家具制造商们一个展示新时代家具的舞台，英国家具设计师罗宾·戴（Robin Day，1915—2010）在这次展览上向世人展示了其著名的希勒特克椅（Hilletak Chair）。他是第一个在家具设计中应用新兴材料（如塑料、钢铁、胶合板和聚丙烯）的设计师，其作品代表了战后实用型家具的发展方向。

◆复古汽车造型卡位

复古风格从不复制任何以往的传统家具，其式样包含了1951年英国国家展览会而得名的英国节日风格（Festival of Britain）和北欧现代主义（Scandinavian Modernism）等二战后的现代风格。因此，复古风格家具包括了早期英国的橡木家具和北欧的柚木家具，以及1953年由英国设计师唐纳德·戈姆（Donald Gomme）设计并由伊戈姆公司（E Gomme）生产的系列家具——G-Plan家具、60年代前卫的卡纸板家具和充气椅等。

20世纪50年代晚期，北欧（特别是丹麦）现代柚木家具逐渐取代英国橡木家具成为新的潮流，并且盛行于60年代。由伊戈姆公司生产的丹麦式餐边柜成为那个时代的标志性家具之一。70年代的复古风格家具加入了注重高端市场的意大利家具和西班牙家具，复古风格也渐渐失去了其最初鲜明的特色。

复古风格的家具反映出早期现代主义家具的影响。其光滑的表面、纤细的造型与醒目的壁纸和织品图案形成强烈对比。让人印象最为深刻的是流行于20世纪50年代的塑料贴面餐桌和镀铬吧台凳。60年代盛行能令人产生幻觉的图案和夸张的色斑，低矮的咖啡桌和边几依然十分受欢迎，这个时期开始出现整体模塑家具和充气家具。70年代的家具一改光滑、纤细的特征而显得有些笨重与矮胖，人们开始偏爱暗黄绿色、芥末黄色、橙色和土褐色，同时与黑色、白色和红色组合搭配，此外紫色与艳粉色也是其标志性色彩。

复古风格意味着娱乐、热闹、忙碌和与众不同，因此它并不突出休闲与随意。家庭里摆放的每一件家具似乎都想争当引人注目的视觉焦点。比如沙发宽大并且加长配上五颜六色的靠枕，镀铬吧台凳饰以艳红色的人造革座面，不仅仅适用于酒吧也适用于带餐饮区的厨房，还有卢米索斯（Lumisource）生产的模仿棒球手套造型的米特椅（Mitt Chair）等。

复古时期正处于二战之后西方精神与文化大变革的年代。文化偶像在艺术界的代表人物包括杰克逊·波洛克（Jackson Pollock, 1912—1956）与马克·罗斯科（Mark Rothko, 1903—1970），他们引领了整个50年代的艺术潮流。作为波普艺术倡导者和引导者的安迪·沃霍尔（Andy Warhol, 1928—1987）则在60年代声名鹊起。文化偶像在娱乐界的代表人物包括詹姆斯·迪恩（James Dean, 1931—1955）和玛丽莲·梦露（Marilyn Monroe, 1926—1962），在音乐界的代表人物包括英国的披头士（The Beatles）、滚石乐队（The Rolling Stones）和美国的埃尔维斯·普莱斯利（Elvis Presley, 1935—1977）。

（2）人物

◆安迪·沃霍尔（Andy Warhol, 1928—1987）。是视觉艺术运动波普艺术最有名的开创者之一，强调艺术与金钱的直接关系，重复人们熟识画面是其创作的一大特色。沃霍尔是一位艺术家、印刷家和电影摄影师，成为艺术文化领域向商业转变的动力和象征。代表作品包括《金宝汤罐》（*Campbell's Soup Can*）、《伊丽莎白·泰勒》（*Liz*）、《玛丽莲·梦露》（*Marilyn*）和《自画像》（*Self Portrait*）。

◆罗伊·利希滕斯坦（Roy Lichtenstein, 1923—1997）。美国画家，波普艺术大师，一生中曾尝试过多种风格，令其名扬天下的是其标志性的、模仿印刷网点的“点式”画风。利希滕斯坦也是美国最受争议的艺术家，他的创作题材往往取自于连环漫画和广告，强烈表现了20世纪中叶美国社会浓厚的商业气息与时代特征，并最终成为现代生活的通俗图像与象征符号。代表作品包括《哦…好的…》（*Ohhh... Alright*）、《汽车里》（*In the Car*）、《早上好，亲爱的》（*Good Morning, Darling*）和《带天际线的室内》（*Interior with Skyline*）。

◆理查德·奥姆·斯宾塞（Richard Orme Spencer, 1915—2000）。斯宾塞年轻时曾经作为交换学生来到中国，回到美国后进入加州理工大学学习。20世纪50年代在加利福尼亚州留下了大量复古风格建筑与室内设计的经典作品，其创新的复古风格被竞相模仿。因为其非专业背景而常常被忽略，不过这位在建筑史上没有留名的人物在居住建筑与室内设计领域的贡献不应被遗忘。

◆查理斯·伊姆斯（Charles Eames, 1907—1978）。与蕾·伊姆斯一道为现代建筑与家具做出巨大贡献，同时也涉足工业设计、平面设计、美术和电影领域。除了早期的成型胶合板家具设计之外，伊姆斯还是应用玻璃纤维、塑料树脂和金属丝网于家具之上的先驱。代表作品包括伊姆斯躺椅和搁脚凳（Eames Lounge and Ottoman）和伊姆斯休闲椅木（Eames Lounge Chair Wood）。

◆蕾·伊姆斯（Ray Eames, 1912—1988）。是查理斯·伊姆斯的第二任妻子和工作伙伴，她本人也是一位艺术家、设计师和电影摄影师。

◆埃罗·阿尼奥（Eero Aarnio, 1932—）。芬兰裔室内设计师，20 世纪 60 年代以其创新的塑料和玻璃纤维椅子设计而闻名天下，成为当时大众文化的重要组成部分，并且出现于当年拍摄的科幻电影当中。代表作品包括球椅（Ball Chair）和透明气泡椅（Bubble Chair）。

◆阿恩·雅各布森（Arne Jacobson, 1902—1971）。丹麦建筑师与设计师，为家具、织品、壁纸、银器创造了一系列原型。代表作品包括蚂蚁椅（Ant Chair）、椅子 7 系列（Series 7 Chairs）、舌椅（Tongue Chair）、蛋椅（Egg Chair）和天鹅椅（Swan Chair）。

◆乔治·尼尔森（George Nelson, 1908—1986）。美国工业设计师和美国现代主义运动奠基人之一，设计出一批 20 世纪标志性的现代家具。其代表作品为现代办公室隔间（Office Cubicle）专用家具，为 20 世纪办公家具奠定了基础。现在仍然在生产的尼尔森设计产品包括：乔治·尼尔森钟（George Nelson Clock）、乔治·尼尔森气泡台灯（George Nelson Bubble Lamp）、椰壳椅（Coconut Chair）、尼尔森茶几（Nelson End Table）、棉花糖沙发（Marshmallow Sofa）、尼尔森袖珍柜（Nelson Miniature Chest）、尼尔森平台凳（Nelson Platform Bench）和尼尔森斜腿系列（Nelson Swag Leg Group）等。

◆哈利·伯托亚（Harry Bertoia, 1915-1978）。意大利裔美国艺术家、声学艺术雕塑家和现代家具设计师。其代表作品为 1950-1952 年设计的钻石椅（Diamond Chair）。

◆约瑟夫·霍夫曼（Josef Hoffmann, 1870—1956）。奥地利建筑师与设计师。其代表作品为 1910 年设计的库布斯皮椅（Kubus Armchair）

◆马歇尔·布鲁尔（Marcel Breuer, 1902—1981）。现代主义运动的大师之一，犹太裔匈牙利现代主义艺术家、建筑师和家具设计师。20 世纪 20 年代在包豪斯求学并任教，之后钻研钢管家具。其代表作品据说是 1925 年专为抽象艺术鼻祖瓦西里·康定斯基（Wassily Kandinsky, 1866-1944）设计的瓦西里椅（Wassily Chair），尽管事实并非如此，但是康定斯基能够欣赏并享用世界上第一把钢管椅，故事本身意义非凡。

◆ 利希滕斯坦的作品

◆ 沃霍尔的作品

2、建筑特征

（1）布局

20 世纪 50—70 年代的居住建筑大致分为两种类型：普通住宅与豪华住宅。普通住宅是指专为战后复员军人和工薪阶层所开发的廉价房屋，它们往往成片开发，房屋基本为单层双坡屋顶式样。豪华住宅则是为富有阶层量身定制的现代化别墅，它们数量很少，通常建造于风景美好的郊外，建筑呈简洁而时髦的几何抽象造型，并且配备有游泳池。

（2）屋顶

20 世纪 50—70 年代的房屋大多为缓坡屋顶，少数为平屋顶，坡屋顶包括单坡与双坡两种。屋檐檩条外露并且悬挑很深，但是檐口正面用面板封闭。垂直感的砖砌烟囱与基本呈水平线的建筑取得平衡。

◆ 屋顶

（3）外墙

外墙材料包括落地玻璃窗、灰泥粉刷、砖砌墙和石砌墙，或者安装木质护墙板。它们往往在立面组合产生肌理对比的视觉效果。

（4）门窗

20 世纪 50—70 年代流行大块落地玻璃窗，同时也流行在屋檐与墙体下端之间设计长条形高窗；高窗通常不能开启，主要用来采光。入户大门经常不设单独的门廊，它往往与外墙和玻璃窗联成一体，但是仍然以醒目的门框作为大门的标志。

◆ 门窗

◆ 外墙

3. 室内元素

（1）墙面

复古风格墙面通常只需在主墙面贴上带有20世纪50—70年代醒目图案的壁纸，其余三面墙则刷上中性色彩的墙漆即可。50年代墙面色彩明亮绚丽，如桃红色、海藻浅绿色与喇叭裙粉红色等；60年代出现贴铝箔壁纸或者凸绒图形壁纸；70年代壁纸色彩醒目，并且出现来自欧普艺术（Op-art）的图案。此外，镶板墙面常见于家庭厅和娱乐室，局部也会用到黏土砖和雪松板。

（2）地面

20世纪50年代油毡（Linoleum）的花色丰富多彩，几乎被应用于所有的房间，其中以黑白与红白相间的棋格铺贴图案最为普遍；此外，实木地板和满铺现代地毯也同时流行。

60年代以粗毛地毯（Shag Rug）为标志性的地面材料，其中以印度和摩洛哥生产的粗毛地毯最受欢迎；同时，无蜡乙烯基（No-wax Vinyl）材料开始代替油毡成为主流。

70年代仍然流行松软的美洲驼羊毛（Llama）地毯；亮黄色、艳粉色或者氖绿色（Neon Green）的油毡成为时髦；瓷砖开始普遍应用于浴室；镶木拼花地板的应用也十分广泛。

（3）顶棚

复古风格的顶棚没有任何类似于传统的装饰，通常为吊平顶后粉刷成与墙面相同的色彩。

（4）门窗

随着门窗制造材料与技术的进步，传统木质门窗这个时期开始逐步退出历史舞台，取而代之的是塑料与金属材质的门窗。虽然受20世纪初现代国际风格的影响，门窗的式样已经变得更为简洁和宽敞，但是传统式样依然拥有强大的生命力。

一种离开地面约1.5m并且只有1~2块玻璃的窄长玻璃窗被称作牧场窗（Ranch Style Window），流行于50—60年代；而称之为遮窗（Jalousie Window）的窗户式样在当时广为流行；还有一种古老的室内透气窗（Interior Transom）在当时获得重生。

与之前数个世纪通用平开门不同，50—70

年代美国流行推拉门和折叠门，就算是平开门也是简洁的光板门，其表面通常贴木纹饰面板。此外，还常见一种等分五片镶板门。

（5）楼梯

20 世纪 50—70 年代的楼梯通常采用钢材与木材建造，式样包括封闭式楼梯踏板与开放式楼梯踏板。它们整体造型简洁、流畅和紧凑，有些设计借鉴了轮船或者飞机上的楼梯式样。50 年代的实木楼梯基本以封闭式踏板为主。60 年代流行一种表面光亮照人的金属螺旋楼梯，看起来像是在宇宙飞船上，成为当年许多家庭的梦想。70 年代流行的钢质楼梯配置开放式实木踏板，通常其钢质栏杆搭配实木扶手。

金属材质的栏杆在 50—70 年代十分流行，金属管弯曲的栏杆和扶手造型简洁而流畅，往往与其家具中出现的金属腿式样如出一辙。另外，复古风格楼梯也常用到玻璃栏杆。

（6）橱柜

复古风格橱柜的造型十分简洁、表面饰以色彩鲜艳的饰面板，常见色彩包括黑色、蓝色、铬黄色、黄色、银色、绿色、淡蓝色、蓝绿色、红色和白色等。吊柜通常封闭顶

棚与短小吊柜之间的间隙，也有部分吊柜接触顶棚，柜门大多为实心门。地柜常用人造板材镶镀铬金属边框或者不锈钢板作为台面。

（7）五金

复古风格常见简洁的一字型拉手和蘑菇形把手，材质以镀铬金属为主。

◆ 把手

◆ 拉手

◆ 拉手

（8）壁炉

◆ 独立式金属壁炉

20 世纪 50 年代中央暖气系统已经出现，传统壁炉大有被淘汰之势，不过采用砂浆与岩石砌筑而成的叠石（Stacked Stone）壁炉成为 50—60 年代壁炉的标志式样；另外一些壁炉则仅粘贴石面来模仿叠石效果，这样大大减轻了其重量和费用，同时各式各样的人造石材也开始大量应用于壁炉。

60 年代由普利威公司（Preway）和马尔姆公司（Malm）所生产的独立式金属壁炉曾经风靡一时，其造型由呈圆锥形的炉膛与圆柱形的烟囱结合而成，炉膛正面朝内斜切约 45 度作为壁炉口；其表面可以油漆成各种颜色，其中以橘黄色和红色最受欢迎。此壁炉后来成为复古风格的标志性符号之一。

（9）色彩

20 世纪 50 年代的色彩趋势由三大色系主导：粉色系、现代色系和北欧色系。其中粉色系包括粉红色、蓝绿色、薄荷绿、淡黄色和蓝色；现代色系明亮又纯净，包括亮黄色、铁蓝色、橙色、红色、黑色与白色；北欧色系来自于大自然，包括褐色、米黄色、灰色和绿色。

60 年代的色彩受到大自然的启发，绿色、金色、橙色和黄色在当年风靡一时。50 年代流行的色彩到了 60 年代均提升了亮度。色彩组合（如浅莲红与橘红色或者黑与白并列出现）产生出强烈的如霓虹灯般的梦幻效果。来自印度的莎丽色彩深受嬉皮士的喜爱。

70 年代的色彩象征着秋天，开始转变为金黄色、暗黄绿色、褐色和焦橙色，同时也流行橄榄绿色、暗棕色和浅橙色。以上这些明亮的色彩均由作为背景的白色墙面和浅色地毯所衬托。此外，流行的色彩组合包括亮绿色和蓝色、黑与白、黄色与白色、粉红色与紫色、黄色与橙色、黄色与绿色、粉红色与绿色。

（10）图案

20 世纪 50 年代象征原子时代（Atomic Age）的流行图案包括：星形、条纹、棋格、圆点、行星、银河和著名的回旋镖（Boomerang）。50—60 年代的图案以单色正方形、圆形和三角形为主；60—70 年代几何形仍然盛行，但是出现了更多的曲线和更少的直线，图案包括佩斯利涡旋纹、暹罗猫、蘑菇、公鸡、雏菊和猫头鹰。

4. 软装要素

（1）家具

复古风格家具光滑造型的设计灵感来自太空时代（Space Age）的广告宣传，那些体现出新技术的洁白家具可以帮助人们想象在月球的房子里布置整体模压塑料家具的画面。一个典型的复古风格家庭当然少不了一件丹麦柚木餐边柜。

◆ 吧台凳

由于家庭酒吧的盛行，人们开始享受更多的娱乐时光，吧台凳、电视柜和电视餐盘等家具应运而生。风靡 20 世纪 50 年代的福米卡（Formica）家具，主要特征为塑料贴面餐桌椅，边缘饰以镀铬边框和桌腿，椅子座套面料采用塑料层压织物，表面覆以亮光的瑙加海德革（Naugahyde 是一种人造皮革）。

◆ 餐椅

50 年代的家具从传统舒适的软垫家具过渡到简洁造型的北欧家具，反映太空时代的有机造型，如回旋镖形（Boomerang）的咖啡桌。60 年代的家具有趣并充满机智，采用金属、玻璃、木材和聚氯乙烯（PVC）制造的扁平板式家具、S 形和豆荚形家具中以采用钢丝基座与钢化玻璃台面的普拉特纳咖啡桌（Platner Coffee Table）为代表。70 年代的家具开始大量使用有机玻璃（Lucite）、塑料和乙烯基（Vinyl）等人造材料，柳编家具、藤编孔雀椅（Rattan Peacock Chair）和豆袋椅（Bean Bag Chair）曾经风行一时。

50—60 年代由芬兰设计师埃罗·阿尼奥（Eero Aarnio, 1932— ）设计的系列模塑座椅代表有球椅和泡泡椅等，成为那个时代家居文化的组成部分。50—60 年代著名的家具还有阿恩·雅各布森（Arne Jacobson, 1902—1971）设计的蛋椅和天鹅椅，以及蕾·伊姆斯（Ray Eames, 1912—1988）和查理斯·伊姆斯（Charles Eames, 1907—1978）设计的家具，其革命性的设计影响了整整一个时代，代表着当年的家具设计潮流。

60—70 年代的家具开始追求放松的美学理念，更加注重舒适性和实用性。一种称作帕帕森椅（Papasan Chair）的藤编软垫圆形圈椅出现在千家万户。随着电视娱乐的兴盛，出现一种专门用于斜躺着看电视并且能够支撑脚部的安乐椅。

◆ 帕帕森椅

◆ 球椅

◆ 米特椅

◆ 蛋椅

◆ 餐椅

◆ 扶手椅

◆ 扶手椅

◆ 扶手椅

◆ 福米卡餐椅

◆ 休闲椅

◆ 伊姆斯搁脚凳

◆ 伊姆斯躺椅

◆餐椅

◆豆袋椅

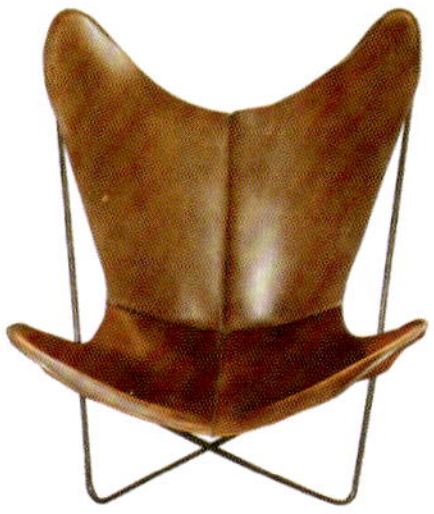

◆蝴蝶椅

◆天鹅椅

◆棉花糖沙发

◆沙发

◆沙发

◆卡位

◆咖啡桌

◆ 咖啡桌

◆ 咖啡桌

◆ 边几

◆ 郁金香桌

◆ 餐桌

◆ 福米卡餐桌

◆ 抽屉柜

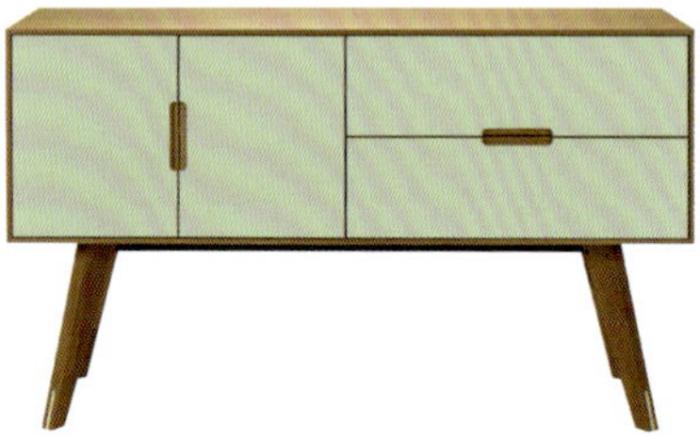

◆ 餐边柜

◆ 床头柜

◆ 床具

◆ 床具

（2）灯饰

复古风格灯具以台灯和落地台灯为主，材料主要采用镀铬金属和塑料。代表那个时代的经典灯具包括（说明：伊姆斯时代指 1950—1960 年）：伊姆斯时代郁金香（Tulip）落地杆式台灯、伊姆斯时代丹麦现代胡桃木（Danish Modern Walnut）落地台灯、伊姆斯时代莱托利亚 · 瑟斯顿（Lightolier Thurston）落地台灯、伊姆斯时代原子（Atomic）吸顶灯、伊姆斯时代蜂窝（Beehive）三脚台灯、1963 年由克里斯特沃斯贸易公司（Crestworth Trading Ltd.）发明的利用热量通过不同稠度的液体产生泡泡的熔岩台灯（Lava Lamp）、诞生于 1952 年塑料材质的蘑菇形台灯（Mushroom Lamp）等，当然还包括大量来自于北欧（特别是丹麦）的现代灯饰。

◆ 吊灯

◆ 蘑菇形桌台灯

◆ 桌台灯

◆ 地台灯

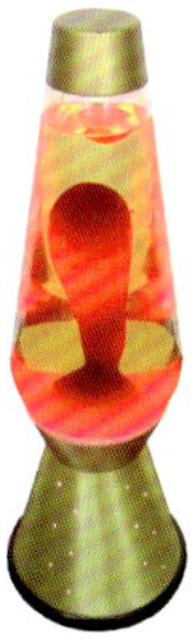

◆ 熔岩台灯

◆ 桌台灯

◆ 桌台灯

（3）窗饰

20 世纪 50—70 年代的窗帘帘眉式样基本采用扣眼式和吊带式两种。50 年代的窗帘面料色彩丰富而洁净，常见的花卉或者花瓶图案比较写实。60 年代的窗帘面料色彩鲜艳而花哨，常见的花卉图案经过简化处理。70 年代的窗帘面料色彩成熟而老气，常见的抽象几何图形尺寸夸张具视觉冲击力。

50 年代流行在厨房和卫生间安装非常实用的半截帘（Café Curtain）。还有一种来自民间被称作普里西拉（Priscilla Curtain）的传统窗帘式样，常用于厨房、卫生间和卧室。捏褶帘（Pinch Pleated Drape）常用于客厅和餐厅，有时也用于主人房，其内帘采用非透明的布料制成，外帘则用薄纱保护隐私和过滤阳光。

◆ 半截帘

◆ 普里西拉窗帘

◆ 床品

（4）床饰

复古风格的床饰常见扎染、棋格图案和复杂的佩斯利涡旋纹印染等纺织品。20 世纪 50—60 年代仍然普遍使用带花卉图案或者几何图形的床罩和皱褶床裙，也出现一种带裙摆的床罩，通常将枕头覆盖，没有任何传统装饰性花边枕头。60—70 年代的床饰更加简洁实用，床裙、床罩和裙摆均消失不见，床具底部架空、暴露，只剩下被子和枕头，宽大的被子也当作床罩使用。

（5）靠枕

复古风格的靠枕基本呈方形，暗藏锁边无任何边饰。20 世纪 50 年代的靠枕色彩清新、淡雅，常见花卉、绿叶、水果、人物、汽车等图形。60 年代的靠枕色彩醒目、饱满，常见抽象几何形图案（如圆环和圆斑），以及花卉和植物等图形。70 年代的靠枕色彩成熟、稳重，常见抽象化的花卉图案或者几何图形。

◆ 靠枕

（6）地毯

那些粗毛的地毯、光滑的塑料、柔软的乙烯基塑料和剪碎的丝绒都是展示复古风格喜爱的材料肌理。20 世纪 50—60 年代的地毯多为不规则抽象几何形图案，或者简化的花卉与人物图形等，常用色彩包括红色、绿色、黄色、蓝色、灰色、黑色和白色等。60—70 年代流行粗毛地毯，图案简化成抽象大色块，常用色彩包括橙色、黄色、土黄色、棕色、橄榄绿、黑色和深红色等。

◆ 地毯

（7）墙饰

墙面张贴或者悬挂 20 世纪 50—70 年代的黑胶唱片、唱片封套，50—70 年代复古汽车照片，50—70 年代的可口可乐或者麦当劳的广告招贴画、杂志封面，还有象征那个时代精神的艺术家和音乐家们的照片，都是对复古风格最好的注解。70 年代的家庭则趋向于艺术化装饰，普遍欣赏现代抽象画和雕塑。

◆ 挂钟

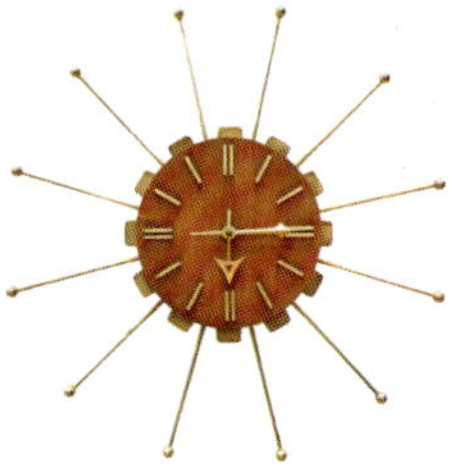

◆ 挂钟

◆ 挂钟

◆ 装饰画

（8）桌饰

20 世纪 50 年代的饰品包括象征着原子时代的旭日形或者原子形的座钟、挂钟；彩色塑料开始大量应用于家用产品的制造；镀铬厨房家电（如面包机、电火锅和油炸锅等）充斥市场；三聚氰胺（Melamine）、密胺树脂（Melmac）的餐具和美国特百惠（Tupperware）塑料保鲜盒曾经是家庭必需品。

复古风格饰品无不带有那个时代的烙印，也是那个年代的家居必需品，它们包括串珠门帘（Door Bead）、溜冰桌（Skate Table）、勺凳（Scoop Stool）、50 年代鸡尾酒樱桃衣帽架与报刊架、70 年代人造光学纤维灯罩等。

◆ 玻璃器皿

◆ 电话机

◆ 玻璃器皿

◆ 座钟

◆ 收音机

◆ 烤面包机

◆ 电唱机

（9）花艺

20 世纪 50—60 年代出现了一大批充满现代抽象艺术感的玻璃花器，事实上这些花器基本都是当时各国艺术家的作品，特别是意大利艺术家弗尔维奥 · 比安科尼（Fulvio Bianconi, 1915—1996）和蒂诺 · 马顿斯（Dino Martens, 1894—1970）的作品，以及享誉全球的、成立于 1295 年的意大利巴罗维尔与托索公司（Barovier & Toso）的产品。

来自于意大利的、以玻璃制造而闻名于世的穆拉诺岛（Murano）出品的玻璃花器成为人们竞相收藏的艺术品。无论是造型还是色彩，它们均突破了花器的传统概念。大部分情况下，人们更愿意把这些花器当作艺术品来展示，而非仅作为花材的陪衬。

60—70 年代依然流行玻璃花器，尤其是北欧涌现出来一批优秀的玻璃艺术家，他们分别来自于瑞典、丹麦和芬兰，相对于意大利的玻璃制品来说，北欧玻璃制品显得更为严谨和规整。由著名的意大利西蒙尼·希尼蒂斯（Simone Cenedese）出品的玻璃花器盛行于70年代。

除了玻璃花器之外，在50—60年代，各式各样的现代陶瓷花器也普遍受到大众的喜爱。其造型也普遍采用现代抽象艺术，色彩以中性色为主。不过当年西德出品的陶质花器色泽比较艳丽、醒目，造型比较朴实自然。

（10）餐饰

复古时期的餐饰十分简洁而随意，通常桌布花色与餐椅颜色取得协调，大多为几何形色块（比如圆斑图案等），此时餐具色调必须为浅单色系。没有桌布的情况下，通常选择较深单色餐垫。餐桌中心饰物往往是一盆造型别致的花艺，有时旁边也配上烛台增加气氛。大多数情况人们会选择无桌布餐饰，而随着时间推移这种情况也越来越普及。

复古风格的餐具深受美国和北欧的影响，造型更为流畅，色彩也更丰富。其经历了从20世纪50年代展现鲜艳大胆的波普艺术色调到60年代以橘色和咖啡色为主的色调，再逐步转向70年代更接近大自然泥土色调的一个过程。

50—60年代流行方形圆角餐具，60—70年代回归圆形餐具。50—60年代的代表餐具是由美国洪墨·拉夫林瓷器公司（Homer Laughlin China Co.）出品的嘉年华系列（Fiesta）以及英国里治威与阿德里（Ridgway and Adderley Ltd.）的主妇（Homemaker）系列。60—70年代的代表餐具来自美国回声设计集团（The Echo Design Group）的产品。

复古时期流行鲜艳的三聚氰胺餐具和玻璃酒吧酒具，50年代餐具表面饰以盛开鲜花图案以及呈有机体造型的咖啡壶和杯子，还有引领整个50—70年代陶瓷潮流的英国米德温特（Midwinter）陶瓷；60年代风行一时的英国雏菊陶器公司（Portmeirion）的陶器几乎出现在每个家庭的餐厅里。

复古时期的餐具布置摆脱了传统餐饰的束缚，餐垫上常常只放一个餐盘，其左边摆餐叉和餐巾，右面则放餐刀和汤勺（注意刀锋朝内）。虽然人们已经普遍购买不锈钢材质的两把餐叉和汤勺与一把餐刀的标准刀叉配置，但是人们不再在乎是否按照菜肴的类别将刀叉划分得那么细。在刀叉旁边经常直接放饮料杯、咖啡杯或者水杯。

◆ 刀叉

◆ 瓷盘

◆ 酒杯

◆ 雏菊陶器

◆ 米德温特陶瓷

第十三章 | chapter 13

工业风格

Industrial Style

1、起源简介

（1）背景

工业风格的历史可以追溯到工业革命进入高速发展的19—20世纪转换的年代，工业设计的革新在其中扮演着十分重要的角色，也为产品增加了价值。工业设计成为一个为创造成功产品而诞生的新兴行业，它集艺术、技术和商业于一体，是一门为改善外观并提高价值的艺术。19世纪后半叶，生活消费品大幅增加，这使得产品创意比历史上任何一个时期更为举足轻重，因为消费者愿意为豪华、实用的产品付出更多。

工业设计奉行的流线型设计原则源自于空气动力学，流线型原则被广泛应用于汽车、收音机和洗衣机等工业产品设计当中。因为工业设计师的需求量遽增，工业设计由此成为一门制度化的专业。对此做出重大贡献的机构包括成立于1938年的美国设计师学会（American Designers Institute）和成立于1944年的工业设计师协会（Society of Industrial Designers），以及两者合并后于1965年成立的美国工业设计师学会（Industrial Designers Society of American）。

1930—1960年期间，极端现代主义（High Modernism）主导了工业设计领域里的三大设计架构：机械艺术、有机设计和优秀设计。机械艺术指抽象设计，其余两类属于改革派意识形态；有机设计应用于保护生态环境设计，即环保设计领域。极端现代主义的理念通过乔治·尼尔森（George Nelson, 1908-1986）在杂志《工业设计》（Industrial Design）上的传播而成为当时工业设计的主流思潮。

工业设计建立在工业美学（Industrial Aesthetics）的基础之上。工业美学的理念必须通过工业设计来实现，因此也被称为“技术美学”和“商品美学”。工业美学的实现主要体现在4个方面：功能美、技术美、材料美和形式美。随着工业技术和商品经济的发展，工业美学与大众的审美情趣和产品的更新换代息息相关，也与产品的生产技术和工作的环境要素紧密相联。

工业美学追求锐利的线条、生硬的连接和强劲的互动，它是现代工业的机械制造、现代建筑的解构主义和机甲动漫的衍生物。它与传统的应用艺术不同，其审美来自于颠覆性技术与工业的发展。20世纪早期的工程师们欠缺提高产品外观的能力，设计师们从此肩负起改善产品外观的重任。1839年的杂志《艺术联盟》（The Art Union）首次出现了“工业设计”一词。德意志工艺联盟（Deutscher Werkbund）在推动工业设计运动当中扮演了重要角色；1919年成立于德国魏玛（Weimar）的包豪斯（Bauhaus）则致力于结合美术和工艺的创新。

工业风格意味着革新与工业美学特征，通常是在一个旧房屋或者废弃的旧厂房之内

◆ 旧车间外景

◆ 旧车间内景

进行改造之后，脱胎换骨成为一个充满现代设计感的居所。水泥砂浆是工业风格的标志性装饰材料，有抛光的地面和墙面，并且将所有室内隔墙拆除掉，尽量保持或者扩大厂房宽敞的空间感。为了使房间看起来有厂房的样子，通常会对墙面进行去除墙面漆的处理，或者保留原有砖墙并且做旧。

为了强调空间的工业感，工业风格会刻意保留并利用那些曾经属于工厂车间的材料和设备，比如钢材、生铁、水泥和砖块等。有时候旧厂房内的暖气管道、管道灯具或者空调设备都会被小心地保留下来。为了缓和过于单调和冰冷的工业感，常常需要运用一些柔和的材料（如纺织品和木材）与之搭配。为了强化个性和文化特征，墙面往往会被涂刷成醒目的色彩。

工业风格的重获青睐是风格轮回定律的又一次证明。历史上鲜有一种装饰风格不受过往任何风格的影响而横空出世的，它们总是处于不断交替演变的过程当中，互相汲取养分，获得新生命。追求实用而舒适的工业美学仍然广受欢迎，工业风格也许可以减轻人们厌倦奢靡装饰风格的内心压力，或者出自回归起点的愿望。过去的工业风格大多数出现于废弃的旧仓库或者车间内，也有很多出现在旧公寓的顶层阁楼里，现在的工业风格则可以出现在都市的任何一个角落，但是没必要为此而改变工业风格的原貌。工业风格与华丽炫耀无关，它只想回到原点——原始的工业美学。

一个成功的工业风格空间里离不开法国的工业家具和灯具。在19世纪晚期至20世纪早期工业革命期间，法国诞生了一批专用于工厂车间的绘图家具。这是一种应用钢材和木材制造的可调式家具，后来被广泛应用于学校、餐厅和酒吧，再后来演变成为今天充满早期工业时代机械美的工业风格家具。

工业风格十分适合于阁楼式公寓（Loft Style Apartment）室内设计的概念选择，反射出仓库或者车间的工业面貌。此概念往往与极简主义（Minimalism）揉合在一起，因此呈现出简洁、冷静的视觉效果和精神内涵。工业风格的物品大多采用钢、铁和木材组合制造而成。它们经过磨损、回收和再利用之后，才能达到最佳效果。为了保持整洁感，工业风格需要隐秘的储藏空间或者暴露的金属储藏柜。

阁楼式公寓起源于早期改造的低收入住房，后来因其开敞的空间、高耸的顶棚和宽大的窗户而越来越受到大众欢迎，特别是那些追求无拘无束生活方式的年轻人。年轻人当中有很多艺术家，他们喜欢在开敞的空间里展示艺术品，也注重在生活空间中张扬现代艺术的气息。随着都市的发展，越来越多的新住宅模仿阁楼式公寓的特征来满足市场的需求。

有人把工业风格比喻成男性版的新怀旧风格（Shabby Chic），因为两者均为对过去某些风格的复兴，均应用做旧或者自然磨损的家具和饰品。只是工业风格刚劲和冷峻的外表与新怀旧风格温馨与柔和的气质截然相反。

（2）人物

◆杰克逊·波洛克（Jackson Pollock, 1912—1956）。美国抽象主义画家，20世纪上半叶极具影响力的艺术家，抽象表现主义运动的代表人物，以其独创的滴流画法而闻名天下。波洛克的作品建立在一个隐晦主题的情绪宣泄之上，看似任意泼洒油彩，实则表达了他对于有序社会的无序解读。他运用抽象无形的笔触来表现丰富的内心情感，摆脱了所有传统创作的束缚，真正达到了人画合一的境界。其作品大多以编号来命名，因为他希望人们以纯粹的眼光来看待，从而获得仅属于观者自己的主题，最后产生共鸣。波洛克的作品与工业风格的室内空间搭配能够获得微妙的协调关系。

◆马克·罗斯科（Mark Rothko, 1903—1970）。出生于今拉脱维亚的美国画家，以其纯粹的形式和超现实主义的纯净色块赢得抽象表现主义运动代表人物的美誉。罗斯科创造了一种全新的情绪化抽象艺术表现形式，通过潜藏在色彩之下的情绪表达，欲挣脱几何形体的控制，符合工业美学的原则。其作品经常以色彩来命名，例如《蓝色中的白色和绿色》、《橙、红、黄》和《白色中心——玫瑰红上的黄色、粉红及淡紫》或者采用编号来命名作品，如《第十四号》。

◆ 波洛克的作品

◆ 罗斯科的作品

2、建筑特征

（1）布局

工业风格的居住建筑源自于工业革命时期遗留下来的工业厂房，其造型完全依据功能需要而设计，属于典型的功能性建筑。当时有不少多层厂房，后来废弃之后被人利用作为居住之用，开敞、通亮的顶层空间特别受到设计师的喜爱。

（2）屋顶

为了更好地利用自然光，同时也利于通风，很多工业厂房的屋顶造型呈锯齿形，垂直的部分是可开启的玻璃窗。为了摆放设备，平屋顶更常见于多层厂房，只有通风管道伸出屋顶。

（3）外墙

厂房的外墙基本保持原结构材料，不加修饰，所以可以清晰地看到钢筋水泥框架和砖砌填充墙。稍讲究一点的厂房外墙采用水泥砂浆粉刷，表面呈现出粗糙肌理的水泥灰色。

（4）门窗

厂房外窗基本都是应用连续的窗户形成几乎与建筑长度相同的长方形大窗。外窗基本采用上悬窗或者下悬窗，并且采用型钢窗框，有很少的窗格。

厂房的大门基本有两种类型：较大的大门采用带轨道的铁皮推拉门，较小的大门采用圆钢管代替铰链的铁皮平开门。大门表面原有油漆剥落，锈迹斑斑。

◆ 工业建筑

◆ 轨道推拉门

3. 室内元素

（1）墙面

工业风格的墙面经常出现自然暴露的砖砌墙，粗糙或者粗加工木板也常用于墙面装饰。刻意保留或者制造未经装饰的墙面是工业风格的重要特征之一，有时候甚至需要加强墙面的磨损效果。

（2）地面

工业风格的地面最喜欢水泥或者混凝土抹平材料，表面再经过机器抛光处理。有时候会用补丁来表现自然磨损的效果。此外，木板或者石材也是工业风格地面材料的选择。

（3）顶棚

鉴于工业风格起源于旧厂房、仓库或者车间的改造，因此在工业风格的顶棚出现保留下来的钢结构，包括梁和柱，稍加处理后尽量保持原貌；或者漆成黑色和深灰色。也有些顶棚出现原有空调管道设备，也会予以保留并重新粉刷，与墙面色彩保持一致。

（4）门窗

门窗设计在工业风格的室内设计当中经常被省略掉。因为开敞的空间里面几乎没有隔墙，所以基本没有或者不需要室内门窗。

（5）楼梯

◆ 螺旋楼梯

造型简洁的金属楼梯几乎是工业风格的惟一选择。不同于传统楼梯式样，工业风格的楼梯造型简洁，大多富有创意，基本没有雷同。除了直线型和折线型楼梯之外，以螺旋楼梯最有特色。金属材质包括黑色的钢材和铸铁，以及更具现代感的、表面拉丝处理的银灰色不锈钢。

楼梯通体采用同质金属建造，表面呈黑色或者银灰色，整体结构悬空。踢板省略，仅有踏板与主结构固定；踏板材质包括钢板和木板两种，钢板表面穿孔或者有防滑凸起物。栏杆立柱和扶手一般采用方钢或者圆钢管焊接，并且联成一体；栏杆本身常见垂直或者与楼梯斜度平行的钢丝与钢管固定，有的栏杆用钢丝网或者玻璃代替。木踏板通常与木扶手搭配出现。

（6）橱柜

工业风格的橱柜如同家具一样采用金属结合木材制造，木质柜体和柜门表面时常显露出磨损的表面和原始的肌理；不过也有很多橱柜应用板材制造。与传统吊柜不同，工业风格吊柜通常只是几层开敞的金属搁板。为了保持台面的整洁和体现工业感，地柜经常采用不锈钢板作为台面。

（7）五金

工业风格拉手的造型常用简洁的一字型和 T 型，其材质大多为镀铬金属、铝质或者不锈钢。

◆ 抽屉把手

（8）壁炉

黑色的原钢或者铸铁壁炉往往是工业风格室内空间的视觉焦点，特别是那种造型奇特的壁炉独立于空间中，表面经过抛光处理，其暴露的钢质排烟管道直插顶棚，具有很强的视觉冲击力。炉膛通常离开地面一定距离，并且敞开或者自带原钢或者铸铁炉门。

（9）色彩

工业风格的基本色彩建立在如岩石般的中性色彩之上。灰色、黑色，或者任何你能够在一间积满灰尘的仓库里所能见到色彩，不过不必受此局限，与中性色彩同样平静而温馨的冷色调也是工业风格的色彩选择。偏暖的中性色彩如浅棕灰色适用于墙面、纺织品和家具，色调最后的深浅度需要根据整体照度来决定。最常见的色彩搭配为类似岩石的中性色和灰色调与点缀自然木色的组合。

（10）图案

工业风格几乎没有什么特别的图案，如有也一定跟工业机械有关，比如螺帽和螺杆、铆钉、螺丝钉和金属滚轮等，它们不断出现在很多金属家具和当作饰品应用的旧机器零件（如齿轮）上，也可以出现在纺织品上。

4. 软装要素

（1）家具

工业风格的家具线条简单，采用金属与木材制造，或者铁、木结合，表面通常刷中性色油漆，如灰色、白色和土色等。有些家具经过修复，还有些家具原属于工厂专用，现在作为家用，例如车间的拖板车可以改造成咖啡桌。工业风格的家具少不了一个大号的皮革沙发，并且配上同样大号的靠枕。

很多工业风格的餐桌、储藏柜、靠墙台桌或者边几的底部经常带有轮子，还有些餐桌可以折叠。工业风格的家具并非全部都是破旧磨损的金属家具，适当增添一些表面粗糙的木质家具，或者搭配一点冷中性色调的现代家具，可以取得微妙的平衡关系。

工业风格家具的实用性是显而易见的，具灵活的设计和坚固的结构，从旋转绘图凳和绘图搁板桌，到工作凳、储藏箱和金属书桌，每一件家具都能让人深切感受到工业革命的机械美，这就是为什么那些老信箱和文件柜受到如此追捧的原因。

工业风格往往由一些具有代表性的家具体现出来。由扎维·博洽德（Xavier Pauchard，1880—1948）于1934年为托伊克斯（Tolix）设计的玛莱椅（Maraise Chair），由吉恩·普罗维（Jean Prouve，1901—1984）于1930年设计的标准椅（Standard Chair），还有由电气机械和器材公司（EMECO）于1944年生产的海军椅（Navy Chair），以及由托莱多金属家具公司（Toledo Metal Furniture Co.）于20世纪20年代制造的系列工业绘图凳（Drafting Stool），它们都是工业美学的典范，也是工业风格的标志性家具。

◆ 吧台凳

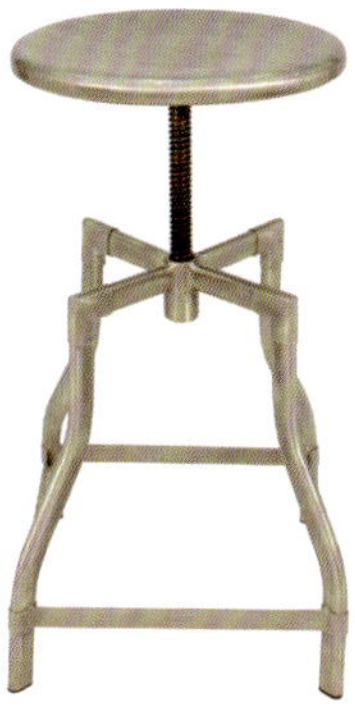

◆ 吧台凳

◆ 吧台凳

◆ 玛莱椅

◆ 凳子

◆ 标准椅

◆ 餐椅

◆ 扶手椅

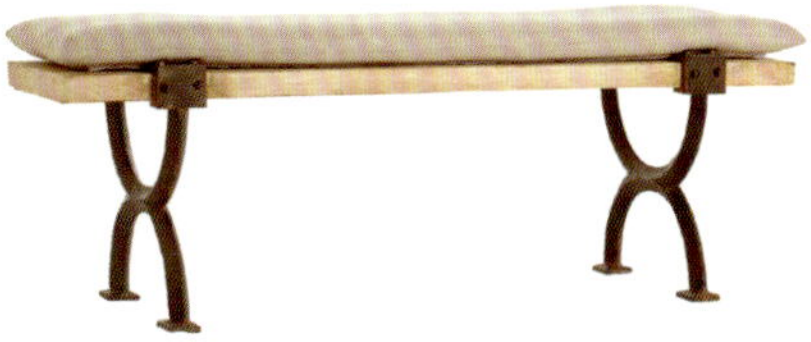

◆ 软垫长凳

◆ 沙发

◆ 沙发

◆ 咖啡桌

◆ 咖啡桌

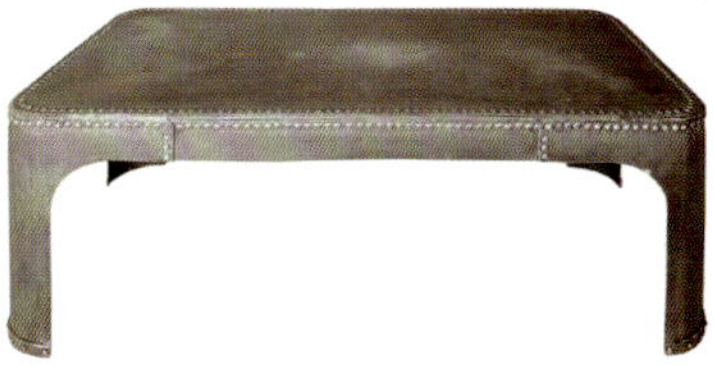

◆ 咖啡桌

◆ 书桌

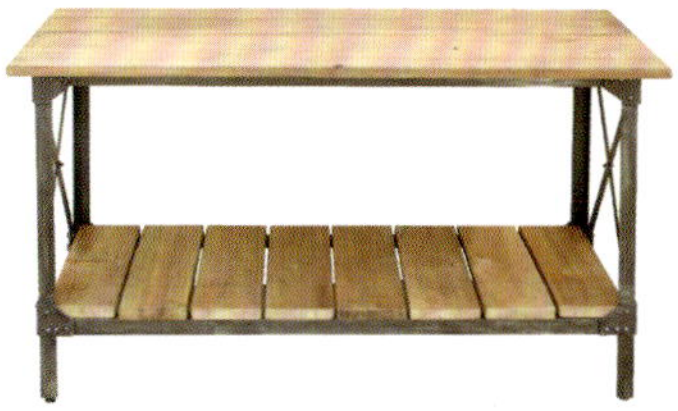

◆ 靠墙桌

◆ 边几

◆ 边几

◆ 餐桌

◆ 餐边柜

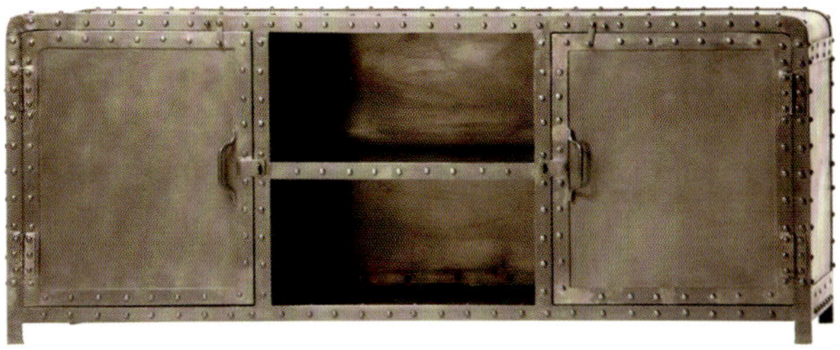

◆ 电视柜

◆ 书架

◆ 储藏柜

◆ 储藏柜

◆ 床头柜

◆ 书架

◆ 储藏柜

◆ 床具

◆ 梯形书架

◆ 屏风

◆ 屏风

（2）灯饰

工业风格灯具的灯罩常用金属圆顶形状，表面采用搪瓷处理或者模仿镀锌铁皮材质，并且常见绿锈或者磨损痕迹。金属落地台灯和灯笼形吊灯都是工业风格的代表灯饰，其中落地台灯的造型好像电影放映机，一般带三脚支撑。工业风格的灯饰经常将表面黯淡无光与明光锃亮的灯具混合使用。工业用黑色的金属台扇、落地扇或者吊扇也常应用于工业风格的室内空间中。

◆ 吊灯

◆ 吊灯

◆ 台球灯

很多早期工业灯具都带有一个金属网罩用于保护灯泡，网罩因此成为工业风格灯具标志性的特征之一。现代出品的工业风格灯具经常采用金属缠绕管制造，其材质包括不锈钢、铝、镀锌钢、粗铁和黄铜，它们可以制造出别具一格的桌台灯、落地台灯、壁灯和吊灯。

◆ 吸顶灯

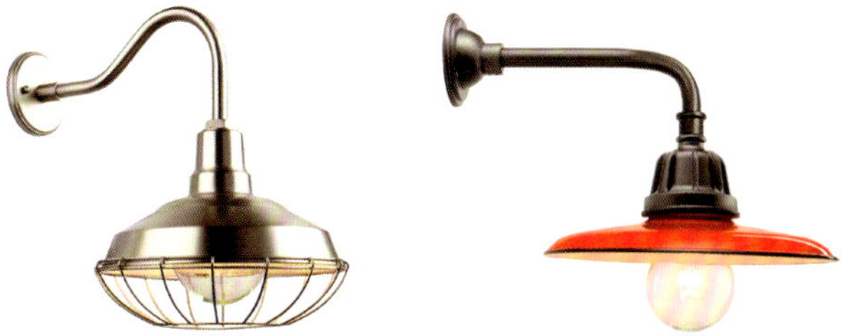

◆ 壁灯

◆ 吊灯

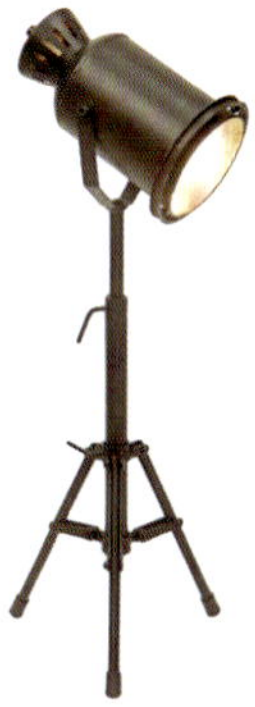

◆ 地台灯

◆ 地台灯

◆ 桌台灯

（3）窗饰

任何传统窗饰在工业风格的室内空间里几乎没有用武之地。不过仍然常见白色的薄纱或者棉布窗帘、卷帘和百叶帘的应用。

（4）床饰

工业风格的床饰只注重其实用性，纺织品的应用在工业风格的床饰当中仅见基本单色的床单、被子和枕头，床品基本呈中性色调搭配少量旧钴蓝色的枕头或者毛毯，并且没有传统的床裙或者床罩等。

（5）靠枕

工业风格的靠枕大多数看起来像是货物包装麻袋，采用浅棕褐色厚棉布做成，表面印制黑、蓝色、紫色或红色的广告图案和文字（常见法文），并且呈现做旧、磨损和褪色的效果。靠枕基本呈正方形，没有任何边饰。

◆ 靠枕

（6）地毯

地毯的应用在工业风格的空间当中并不多见，大多应用于床具前面或者沙发区域，基本采用浅棕褐色的棉质或者亚麻编织地毯。

（7）墙饰

工业风格的墙饰包括具有强烈视觉冲击力的大幅油画、带金属边框的矩形镜框、大幅广告画或者地图、超大尺寸的圆形挂钟和放大的黑白摄影作品。与一般悬挂不同，矩形镜框和大量尺寸各异、内容风格各异的装饰画（经常只是空画框）通常直接置于地面、搁板、书架或者靠墙台桌上，按照前小后大的顺序斜靠在墙面上。还有一个极富工业特色的墙饰就是黑色的旧机器零件，特别是齿轮，通常悬挂在墙上或者靠墙摆放。

◆ 挂钟

◆ 挂钟

◆ 齿轮

◆ 镜框

◆ 装饰画

（8）桌饰

书籍是工业风格最好的桌饰，这也是为什么工业风格的空间里经常会有一个摆满书籍的大型钢框书架。除此之外，常见的桌饰还包括旧电器（如电风扇、收音机、拨盘电话机和电子钟等）、木质或者铁皮制作的相框、放在托盘内的酒杯和酒壶、彩色玻璃花瓶、玻璃烛杯、老式汽车或者双翼飞机模型等。

◆ 雕塑

◆ 座钟

◆ 相框

◆ 电风扇

◆ 书挡

◆ 齿轮

（9）花艺

工业风格偏爱宽叶植物，树形通常比较高大，与之搭配的是金属材质的圆柱形或者方柱形的花器。仙人掌、多肉植物或者鲜花仅在局部出现，给冷酷的工业空间带来一丝自然的生气。一根或者一捆树茎将工业空间与自然环境联系起来。花器经常利用化学试瓶、化学试管、陶瓷罐或者玻璃瓶。

（10）餐饰

为了保持空间的整洁，工业风格的餐饰通常没有桌布或者桌巾，也不会在不用餐的情况下摆放任何餐具。不过餐桌中心往往会有一个醒目的中心饰物，比如装着几个干燥南瓜的木盆、小木箱中的绿色植物、几支硕大的玻璃烛杯，或者是铁艺的分层果盘和采用镀锌铁皮制作的果盘托架等。草编或者柳编餐垫是工业风格的代表性餐饰。

工业风格的餐桌在用餐的时候仍然保持比较干净、整洁的特点。餐盘以素雅的白色陶瓷为主，表面通常没有彩绘。虽然其餐饰相比传统餐饰要简化很多，正式的餐桌布置仍然是将叉和刀分别摆放在餐盘的左侧和右侧，酒杯和水杯放在餐盘的右上角。工业风格的刀叉式样尽量简洁、实用，餐饰中常用木柄不锈钢刀叉。

◆ 瓷盘

◆ 水杯

◆ 酒杯

海岸风格

Coastal Style

1、起源简介

（1）背景

◆ 海滨别墅

海岸风格起源于美国东、西海岸线上的住宅，特别是指朝向大西洋的东海岸住宅，后来逐渐在全大陆流行开来。这是一种充满阳光和追求舒适的装饰风格，在夏日海风吹拂下保持平静生活的居住空间，适合于那些希望感受柔和装饰、海洋色调和轻松环境的人们。海岸风格的精髓在于分享与放松，因此它欣赏悦目的磨损和岁月的痕迹，排斥矫揉造作和奢侈华丽。海贝可以触摸，家具能够依偎，饰品值得回味。

海岸风格希望将岸边生活方式引入到室内设计。这一设计理念决定了其空间主色调必然包括蓝色、白色和棕黄色（淡褐色）。要实现一个完美的海岸风格并非难事，你只需要改变床品面料和餐桌桌布，点缀一些海贝壳和被海水浸泡与阳光暴晒后呈白色的残破浮木，还有鹅卵石、鲜花和海景照片即可。

每一个海岸都有其独特的魅力，会深深影响周边的风土人情与居民生活方式。大海总能够带给人们无尽遐想，无论是沙滩别墅还是海滨小屋、湖边度假屋，所有的设计灵感均来自于大海。窗前是一望无际的碧海蓝天和白色沙滩，窗台上摆放着收集的海螺和贝壳，桌上横躺着一根看似岸鸟的浮木，海岸风格与海岸、沙滩、航海、湖畔和海洋等主题息息相关，但是海岸风格的空间并非一定靠近大海或者湖泊，它为那些热爱海洋的人们提供了一个任其发挥想象力的平台。

海岸风格的近亲包括沙滩风格（Beach Style）、热带风格（Tropical Style）、航海风格（Nautical Style）、海岛风格（Island Style）和基韦斯特风格（Key West Style）。它们的共同特点都是与海洋有关，都让人联想起冲浪板、阳光、沙滩和漫长的夏日。柔和的海风、带咸味的空气和户外活动都是它们精心营造的居住氛围。其主轴线均围绕海洋、棕榈树、海星和贝壳等要素来展开。

沙滩风格的色彩以沙滩的米白色和海天的灰蓝色为主，地面采用擦灰色调清漆的木板或者石块，铺上采用剑麻、椰壳或者棉布编织的地毯，家具采用藤条、柳条和玻璃制作，纺织品包括帆布、牛仔布、条纹或者格子布、府绸和印花棉布，饰品包括浮木、贝壳、渔网、龙虾浮标、渔具和海域地图等，台灯往往选用与沙滩有关的材料（如盛满海沙、海星和贝壳的玻璃罐）。

热带风格的色彩活泼而强烈，比如浅橙色、浅绿色、蓝绿色、绿黄色、橘红色、香橼色（Citron）和钴蓝色等，地板材料采用

◆ 海滨别墅

竹子或者瓷砖，铺上用海草、剑麻或者椰壳编织的地毯，家具采用藤条或者桃花心木制作，常见来自于东方的家具，纺织品包括印花棉布、亚麻和帆布，配合来自东方的丝绸，饰品包括镜框、描绘热带植物的装饰画、木制面具和手工雕刻等，台灯采用木材、陶瓷和石材制作，常见高大的植物（如棕榈树）、凤梨科植物或者花叶万年青和蕨类植物悬挂在窗框顶部。

航海风格的色彩与沙滩风格近似，地面采用抛光深色实木板（如柚木、胡桃木和桃花心木），大量应用嵌入式家具，就像船长室一样，家具包括来自东方的黑漆家具和屏风，纺织品常用丝绸，其余与沙滩风格的纺织品相同，饰品包括黄铜材料制作的船灯、罗盘、六分仪、镶在深色木框内的旧地图、镜框、用绳子编织或者编结的杯垫和餐垫等。

海岛风格是对几种代表性海岛风格的统称，其共同的特征包括常见于台灯和靠枕之上的凤梨科植物和棕榈树图案，共同的标志性电器是木质叶片的吊扇。来自于西印度群岛（West Indies）的设计灵感表现出加勒比海岛的殖民文化，饰品包括古老地图和植物装饰画；来自于夏威夷群岛传统文化的设计灵感更接近当代生活，以热带花卉植物图案的纺织品和轻巧的比例为其特色；来自于汤米巴哈马（Tommy Bahama）的设计灵感则综合了很多热带风格的特征，标志性图形包括棕榈树、鹦鹉和猴子。

基韦斯特风格源自于美国佛罗里达州基韦斯特岛上的居住文化，充满海岛的迷人风情，其装饰特征与沙滩风格和海岛风格较为接近，只是色彩选择更为明亮、丰富和强烈。它追求随意、舒适而轻松的生活方式，喜欢运用隐喻手法而非真实物品来强调与海洋的关系，比如应用热带绿植、棕榈叶编织的草帽、藤编家具和海鲜装饰画等，室内空间通过法式门与外走廊联系起来。

为了获得一个不仅在视觉上而且在感觉上真实的海岸风格，也许闭上眼睛想象一下平静的海滩，想象一下大海天空变化无穷的色彩，想象一下轻柔的海浪和温暖的海风，还有那随波摇曳的海带、柔软的鲑鱼、红色的珊瑚和壮丽的落日，最后我们需要确定自己到底喜欢什么主题，可以从以上5个主题中做出选择。

（2）人物

◆亨利·埃德蒙·克洛斯（Henri Edmond Cross, 1856—1910）。法国画家，被誉为新古典主义大师，是野兽派（Fauvism）和立体派（Cubism）的先驱者。他以点彩画法描绘了大量地中海美妙的风景。代表作品包括《昂蒂布》（*Antibes*）、《哈芬珍岛》（*Hafenszene*）和《海湾骑士》（*La baie a Cavaliere*）。

◆罗伯特·丹斯（Robert B. Dance, 1934—）。美国早期航海艺术家，作品大多以海洋生物、航海生活和海岸生活为主题，深受人们的喜爱，并获得无数荣誉，作品被广泛收藏。代表作品包括《潮地》（*Tidelands*）、《海湾的工作船》（*Work Boad at Lookout Bight*）和《粉红嘴的骨螺》（*The Pink-Mouthed Murex*）。

◆ 莎拉·格林纳尔（Sarah Greenier）。美国画家，因少年成长的经历而深深热爱上海洋生活方式。无论是油画还是水彩画，其作品均表现出清澈透明的空气、温暖明媚的阳光，以及寂静的港湾、悠闲的船舶和宁静的生活，这一切与海岸风格所追求的生活境界不谋而合。代表作品包括《莫希干一刻》（*A Moment in Time, Monhegan*）、《新黎明》（*A New Dawn*）、《宁静的港湾》（*Serene Harbor*）和《宁静》（*Serenity*）。

◆理查德·弗思（Richard Firth, 1971—）。英国画家，当今炙手可热的海洋画家。弗思的艺术之路颇为传奇，因为他并非专业学习美术出身，而是靠自学成才。弗思的绘画主要以帆船、游艇和海景为主题，经常根据20世纪初的帆船赛照片来创作。其代表作品包括《满帆》（*Full Sail*）、《特维加与马里基塔》（*Tuiga & Mariquita*）和《黄金海岸》（*Gold Coast*）。

◆克利奥·威莱特（Cleo Vilett）。美国画家，擅长于描绘自然景观和海洋生物，是一位拥有海洋生物与科学插图学学历的画家。其笔下的生物栩栩如生，极富艺术感染力。代表作品包括《诱惑》（*Invitation*）、《泡沫珊瑚》（*Bubble Coral*）、《红海葵》（*Red Anemone*）和《水》（*Water*）。

◆ 克洛斯的作品

2、建筑特征

（1）布局

海岸风格的居住建筑是开敞、通透的，特别是面向大海的门、窗通常都比较大。典型的海岸风格住宅少不了一个宽敞并且架高的前廊，人们可以坐在那里尽情享受轻柔的海风和明媚的阳光。为适应海洋气候，其平面布局以接近方形的矩形为主。

（2）屋顶

海岸风格住宅常用比较平缓的四坡屋顶，材料基本采用蓝灰色或者铁灰色的金属屋面板。屋檐出挑很浅，并且用屋檐板封闭所有檐口，屋顶没有任何高耸的构件（包括烟囱）。

（3）外墙

海岸风格住宅的外墙大多采用现代立柱墙结构建造，表面通常粉刷成白色或者浅蓝灰色。外墙表面比较干净，没有多余的装饰构件。

（4）门窗

海岸风格的窗户经常安装漆成深蓝灰色的百叶窗，简单的矩形窗框油漆成白色与墙面形成对比。

入户大门往往安排在前廊的正下方，户外楼梯直对大门。大门基本为镶板门，表面漆成白色或者蓝灰色。

3. 室内元素

（1）墙面

海岸风格的墙面通常粉刷成白色、浅黄色和淡蓝色。墙面在挡椅线部位经常应用传统的镂花涂装（Stenciling）技术，即利用镂空海洋主题的模板进行粉刷或者喷涂，或者粘贴海洋主题的壁纸腰线也能得到类似效果。高约半个墙身的护墙板通常油漆成白色。

（2）地面

海岸风格喜欢选用易于打理的赤陶砖和实木地板作为地面铺贴材料。其木地板经过刷白处理后再施以稀释的浅蓝色或者柔和的绿色油漆。木地板通常选择浅色、宽板的松木和枫木，另外竹木地板也适用于海岸风格的地面。

（3）顶棚

无论原有顶棚有何建筑构件（如木梁等），为了与整体主色调取得一致，海岸风格的顶棚几乎一律刷成白色。

（4）门窗

为了能够更好地欣赏眼前的美景，也为了让海风在空间里自由流动，海岸风格的窗户不仅非常宽大、开敞，而且尽量落地变成玻璃门，开向前廊、露台和阳台。其窗框与窗格全部漆成白色，同时 2~6 扇镶板室内门也大多漆成白色。还有些室内木门为了制造更强烈的色彩对比效果，表面会经过擦褐色后清漆处理。

（5）楼梯

全木结构是海岸风格的楼梯选择，其表面基本油漆成白色。楼梯的种类包括底部封闭式、单边悬臂式和整体悬空式；除悬空式只有踏板以外，其余式样的踏板和踢板全部为实木；踏板往往经过擦褐色后清漆处理。

实木栏杆以方柱形或者圆柱形为主，实木扶手多半采用与踏板同样的处理方式。有一种栏杆采用粗壮的缆绳代替木栏杆，缆绳的两端穿过栏杆柱后打结，非常具有海岸风格的特征。

（6）橱柜

海岸风格的橱柜造型简洁、实用，充满现代感，柜体和柜门表面一般油漆成白色、浅蓝灰色或者浅绿灰色。吊柜顶部带简单的檐口线条，吊柜门大多为玻璃门。地柜喜欢采用白色、黑色大理石或者仅有清漆厚实木板作为台面。

（7）五金

海岸风格最有特色的纽扣形把手的表面浮雕图形包括海星、扇贝、海螺、热带鱼、棕榈树、灯塔、海龟、海马和螃蟹等，也有很多把手的造型直接就是这些图形的小雕塑。其材质包括树脂、金属、陶瓷和玻璃。

（8）壁炉

海岸风格的壁炉包括非常简洁的现代造型和十分传统的木质框架，表面通常漆成白色或者浅蓝灰色。壁炉架式样包括新古典、维多利亚、乡村和工匠风格，甚至还有现代悬空或者独立铸钢壁炉，其中以乡村风格的鹅卵石砌筑的壁炉最符合海岸风格气质。木质壁炉架常常从地面一直上升到顶棚，炉膛前放置铸铁屏风式的壁炉罩，其表面有一层细密的网格。

（9）色彩

舒缓的中性色彩、粉色系和模糊色调都是海岸风格的选择。其常用色彩混合了贝壳的苍白、晴朗的蓝天和柔润的流水，将米白色、乳白色和淡黄色与柔蓝色、浅绿色、桃红色和粉红色融为一体。较深的中性色（如浅褐色、棕褐色和棕色）令人联想起沙滩，更深的色彩（如蓝绿色、绿黄色、碧绿色和深蓝色）往往成为点睛之笔。

海岸风格的色彩既活泼纯净又充满怀旧的情怀，包括海洋巡洋舰红、宝石蓝、红褐色、贝壳白和海蓝色，它们通过不同的方式相互组合并且层次丰富。如果墙面刷成白色或者淡黄色，那么餐具、花瓶、靠枕和地毯则选择蓝色调；如果墙面刷成浅蓝色调，家具则漆成绿色，而楼梯和壁炉架漆成白色。

海岸风格的主色调包括蔚蓝色、白色、浅蓝色、浅奶绿色、沙褐色和淡黄色，其中蓝白色调是海岸风格最经典的色彩组合。不过海岸风格的色彩组合可以根据个人喜好来选择，比如现代感强烈的珊瑚红与明亮蓝绿色组合，航海感的脆嫩白色与深蓝色组合，或者放松感的柔和色彩与暗灰色和蓝色调组合。

（10）图案

海岸风格的图案必然跟海洋、沙滩和航海有关，包括海星、扇贝、贝壳、海螺、珊瑚、海龟、海马、龙虾、海鸥、岸鸟、帆船、灯塔、船锚、美人鱼和热带植物等，它们在海岸风格的空间里随处可见。

4. 软装要素

（1）家具

海岸风格并没有特定的家具式样，任何看上去随意并舒适的家具均适用于海岸风格，比如沙滩躺椅和藤编家具等。家具表面处理模仿室外沙滩椅的处理方式，有时候保持未经处理的原木效果。家具上常见采用黄铜、古铜、锡镴、黑或者白镍制作的海鸥造型的把手。

沙发通常覆盖以条纹图案的沙发套。海岸风格的木质家具经常油漆成白色、淡色或者柔和色调，比如淡蓝色或者淡绿色，并且制造褪色或者磨损痕迹。浅色与深色木质家具往往并置在同一空间形成视觉对比和冲击。

标志性的海岸风格家具当属靠背可以调整角度的阿第伦达克椅（Adirondack Chair）；加长版的阿第伦达克椅可以变成沙发，经常为它配置蓝白条纹防水面料的软垫。海岸风格的床具和床头柜喜欢用柳编制作，或者油漆木质家具。

◆ 海军椅

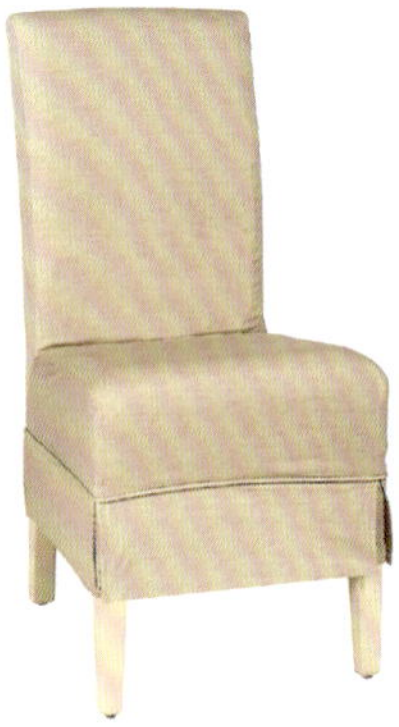

◆ 餐椅

◆ 阿第伦达克椅

◆ 扶手椅

◆ 搁脚凳

◆ 搁脚凳

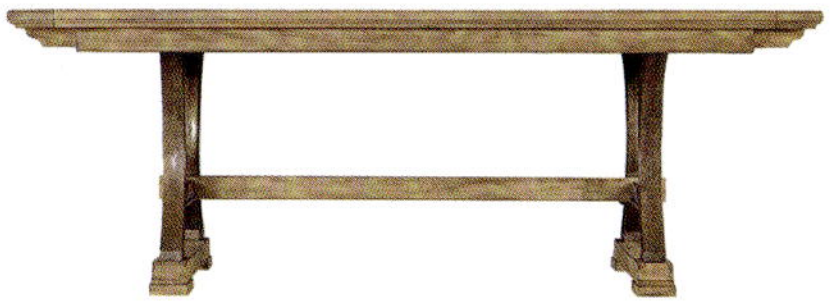

◆ 餐桌

◆ 沙发

◆ 边几

◆ 边桌

◆ 抽屉柜

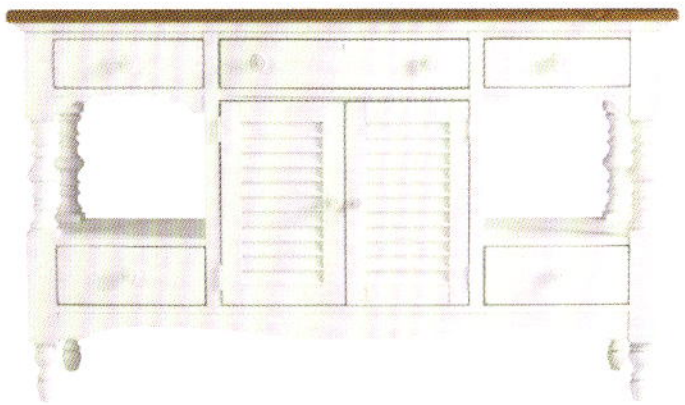

◆ 餐边柜

◆ 床具

（2）灯饰

海岸风格较少使用吊灯，但是比较喜欢桌台灯、落地台灯和吊扇。灯具上面出现帆船、海星、海贝壳、海鸥、鹤、白鹭、鸟笼、鹈鹕、人字拖、船锚、救生员椅、岸鸟、竹子、帆布躺椅、灯塔、珊瑚礁和海胆等图形。灯罩常用白色布艺制作，或者采用黄铜与玻璃混合制作。

海岸风格其他具有特色的灯具包括圆笼形的舱壁灯、带黄铜锚形拉线的白色吊扇和体现海洋主题图形的灯笼。

◆ 吊扇灯

◆ 吊灯

◆ 吊灯

◆ 地台灯

◆ 桌台灯

◆ 吊灯

◆ 桌台灯

（3）窗饰

海岸风格的窗饰通常十分简单，因为窗外是一片碧海蓝天，任何窗饰均显得多余。一般来说，海岸风格的窗饰喜欢选择纯白色或者蓝白条纹的蕾丝、薄纱、棉布和亚麻，其上饰以与海洋和沙滩有关的图案（如帆船、灯塔和贝壳等）。此外，罗马帘、竹质遮阳帘和百叶帘也非常适用于海岸风格。

◆ 窗帘

（4）床饰

海岸风格只选用自然纺织品，比如亚麻、剑麻、黄麻和棉布。纺织品的印花图案包括海贝壳、热带花卉、灯塔和海星等。白色或者白底蓝条纹和方格图形的床罩是海岸风格的标志性床饰。

◆ 床品

（5）靠枕

超大的海岸风格靠枕出现在所有房间，亚麻材质的靠枕套大多为蓝白色条纹图形，或者饰以海洋主题图案，比如海星、海龟、贝壳、珊瑚、帆船、灯塔、船锚和热带植物等。

◆ 靠枕

◆ 靠枕

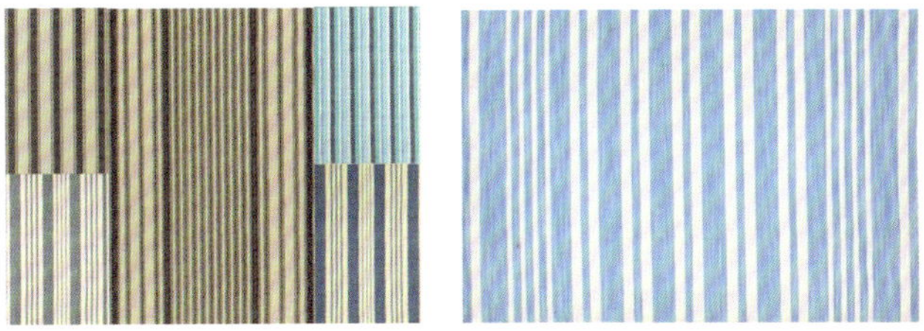

（6）地毯

海岸风格的地毯包括短绒地毯和蓝色调的地垫，以及剑麻、黄麻、海草和椰壳纤维地垫。剑麻和海草地垫的天然褐色、棕色和米黄色与海岸风格的主色调融为一体。代表性的海岸风格地毯为黑色边框的海景与一只蓝色苍鹭，或者地毯以列队的鹬形成的边框。

◆ 地毯

（7）墙饰

海岸风格的墙饰多半与航海有关，例如船桨、鱼竿、救生圈、舷窗和船舵等，也经常出现与沙滩有关的贝壳与海星等，或者干燥的珊瑚。帆布油画常见三联画，即同一个海景画面被分割为三幅并列的油画。

采用贝壳制作的相框或者画框是海岸风格的标志性墙饰，画框内容包括海贝壳、海星、珊瑚、岸鸟、灯塔、海港、海景、海船、鹈鹕和海鸥等。贝壳或者镜片制作的镜框，以及造型模仿舷窗的镜框也是海岸风格的标志性墙饰。

◆ 木制鲸鱼

◆ 浮木

◆ 托盘

◆ 铁艺海鱼

◆ 船桨

◆ 船桨形衣帽架

◆ 救生圈

◆ 木制船锚

◆ 海贝环

◆ 船舵

◆ 挂钟

◆ 镜框

◆ 相框

◆ 装饰画

（8）桌饰

海岸风格的桌饰可以通过展示海星或者装满贝壳、海沙的玻璃瓶来表现。常见的桌饰包括各种龙虾陷阱标志、渔网、蓝蟹雕像、金属鹬雕像、鹤雕像、木质海鸥雕像、船舵模型、船舶模型、旧航海定向仪、灯塔模型和热带鱼模型等，灯塔模型往往置于彩色玻璃瓶内。为了防风，蜡烛通常置于玻璃材质的灯笼内或者是应用小型的玻璃烛杯。

◆ 帆船模型

◆ 漂流瓶

◆ 海螺

◆ 海贝

◆ 海星

◆ 玻璃瓶

◆ 玻璃瓶与篮筐

◆ 珊瑚

（9）花艺

海岸风格的花艺尽量表现出随意感，就像刚刚从花店买来的一束鲜花松散地插在花瓶里面即可，无需刻意造型。花材几乎没有限制，完全根据整体色彩设计来选择；比较有代表性的海岸植物包括多肉植物、海石竹、莫邪菊、蓝眼菊、迷迭香、天竺葵、海滨刺芹、刺棘蓟、海甘蓝、羊茅、马鞭草和长生草等。海岸风格的花器以玻璃和陶瓷为主，另外也常见利用其他器皿来充当花器，比如锡罐、酒瓶、水壶或者储物罐等。

◆ 花瓶

◆ 花艺

（10）餐饰

海岸风格的餐饰可以充分展现人们对于海洋的美好憧憬。餐桌上往往铺上一块白色的亚麻桌布，或者是绣上珊瑚、海龟、棕榈树图案的棉质桌布；桌布上随意摆放一些海星、贝壳、珊瑚、玻璃烛杯、木雕岸鸟和彩色玻璃球等，中间可以放一盆鲜花作为中心饰物。餐垫经常采用藤、柳枝或者干草编织而成。餐巾用饰以海星或者扇贝的尼龙绳捆扎来突出海洋的主题。只要发挥想象力，每一个餐饰都散发出与众不同的魅力。

餐具本身往往选择纯白色瓷质餐盘，让餐巾、酒杯，或者珊瑚、鲜花来制造色彩亮点，同时也常见一些印有珊瑚、螃蟹、海螺、扇贝或者蓝白条纹的瓷质餐盘。比较传统、正式的海岸风格餐饰：餐刀和汤勺摆放在餐盘的右边，餐叉摆放在餐盘的左边，酒杯和咖啡杯在餐盘的右上角，面包盘则在餐盘的左上角，点心叉和咖啡勺都放在餐盘的正上方。

海岸风格的不锈钢刀叉既可以按照传统方式摆放，也可以按照自己的意愿创意摆放，后者有助于消除拘谨感，比如直接将刀叉放在餐盘里的餐巾上面，或者用蓝色丝带给刀叉打上花结等。虽然市场上有很多专为海岸风格制造的刀叉，其特征主要体现在鱼形、龙虾形、海龟形、船锚形或者贝壳形的手柄上，但是选择那种采用竹节或者干草编织而成的手柄会更富有海洋的气息。

◆ 瓷盘

◆ 瓷盘

◆ 酒杯

当代风格

Contemporary Style

1、起源简介

（1）背景

◆ 当代住宅

要弄清楚当代风格的真实面貌，首先就必须要与现代风格区分开来，尽管两者有许多共同点，但也有着明显的差异性。很多人将“当代风格”与“现代风格”两词交替使用或者混为一谈，事实上，在装饰与设计领域，现代风格诞生于第一次世界大战之后，盛行于 20 世纪 50 年代，它是一种被定义了的、相对固定的式样，没有变化，保持原样，并且一直延续至今。现代风格的种类包含了 20 世纪中叶现代风格（Midcentury Modern）、波希米亚现代风格（Bohemian Modern）和怀旧现代风格（Vintage Modern）。

当代风格迟至 20 世纪 80 年代才出现，专指近 10 年来正在流行的装饰风格，它并非一种固定的式样，而是随着时间的推移和时代的变化而不断变化着。当代风格具有折衷的特征，它可以借用历史上任何时期和地区的装饰元素（如传统线条和木作等），也包括当今正在盛行的实体（如家具和艺术品等），表现出强烈的时代感。当代风格的突出贡献在于它比以往任何装饰风格都更注重绿色环保，具有回收利用的特征。

当代风格的核心设计理念包括了极简主义（Minimalist）、单色或者中性的配色方案和美学原理。具体表现在尺度低矮的现代产品，棱角分明和几何抽象的艺术品，软垫家具和纺织品，线条简洁、表面光滑的当代产品和创新设计之中。当代风格经常表现出未来的元素和创新的技术，如豆荚形座位和模块组合搁架等。它在很大程度上源自于现代风格，特别是极简主义理念。不过相对于现代风格，当代风格的诞生要顺利和温和得多。

相对于严肃的现代风格，当代风格的家具采用更多的圆角，表达出更为随意和舒适的效果，同时还融入了更多符合当今审美情趣的元素，包括流行色和图案的应用等。所应用的材料包括玻璃、金属、镀铬和人工复合材料等，较少用皮革和木材。而现代风格则常用皮革和珍稀木材等自然材料，其中以柚木和亚麻最为常见，结合镀铬金属、模压胶合板和塑料等。

一个当代风格的房屋可能具有独特或者异形的窗户，开放式的平面，注重与周边环境和睦相处。它可能应用大量的自然元素，如杉木、雪松和石头；家具和饰品造型朴实，线条干净，同时兼顾家具的舒适性和可持续性。不过20年以后，一些不可预知的东西也许会被那时的人们认为属于“当代风格”。

由于当代风格极度关注功能，因此省略掉了传统风格当中的过度装饰，但并非表现出冷漠无情的一面。事实上，当代风格追求宁静与随和的简约，肌理和质感是重要元素，如果没有肌理，当代风格很容易陷入平庸和无趣的境地。除了由光滑的玻璃和金属主宰着整个空间，天然的纤维（如黄麻编织地毯）搭配光洁的地板，或者粗犷的树枝搭配光亮的花瓶，都是运用肌理的粗细对比取得视觉上的平衡感。

这种恰如其分的组合搭配，构成了一个井然有序并且清新有趣的居住环境，同时保留着时代的印记。当代风格具有极强的包容性，这意味着它可以根据客户的个人品味，与历史上任何装饰风格进行混搭、融合，这种混搭与融合还包括了色彩、材质和肌理的对比，这正是当代风格最大的魅力所在。

当代风格强调装饰的整体观念，这是一种把空间内所有的要素当做整体考虑，而非专注于局部或者孤立的设计理念。当代风格十分注重自然材料的应用，波纹钢、粗糙木和磨砂玻璃等都可以和谐地并存于不同的表面之上，前提是基于一个对比强烈的背景之上，比如黑色墙面。

当代风格设计适用于公司、商铺、阁楼和住宅。基本上，简约、含蓄、精致、质感和简洁的线条有助于定义当代风格。当代风格偏向于展示空间，而非物品。通过强调色彩、空间和造型，来展现出时尚与新潮。除了应用与时俱进的现代科技材料之外，当代风格的自然材料还包括木材、石材、椰壳纤维和羊毛等。

（2）人物

◆维多利亚·哈根（Victoria Hagan）。当代美国最佳室内设计师之一。哈根融合传统美学与现代生活的需求，追求明快而整洁的空间感，在强大的建筑框架内营造出内敛而又精致的生活空间。

◆威廉·索菲尔德（William Sofield）。当代美国最佳室内设计师之一，也是最有思想的天才设计师之一。以独特的眼光将材料、历史和情绪交织并融合在一个空间里，创造出独树一帜的索菲尔德式设计。虽然他自认为是一名现代主义者，但是其超凡脱俗的审美力，能跨越严谨的工业魅力向文雅的戏剧方向发展。

◆史蒂文·沃尔普（Steven Volpe）。当代美国最佳室内设计师之一。受多年巴黎经历的影响，沃尔普的作品从未放弃奢华与富贵，加上强烈的色彩、精致的细节和现代艺术品，以及展现出来的微妙魅力与光泽，他的设计使时空从富丽堂皇的过去跨越到讲究实际的现在。

◆韦森特·沃尔夫（Vicente Wolf）。当代美国最佳室内设计师之一，也是受人钦佩的摄影师。古巴出生的沃尔夫以其独特的集中方式进入到一个充满现代意识的灵动空间，具有引人入胜、魔术般的吸引力，同时融入了20世纪家具、巴洛克式古董、东方元素和人种学的珍品。

◆菲利普·斯塔克（Philippe Starck, 1949—）。当代法国著名设计大师，同时享有“设计鬼才”、“设计天才”和设计界“国王”等称号。他的设计风格极具个人特色，涉及领域包括建筑、室内设计、家具、生活用品和交通产品等。代表作品包括路易幽灵椅（Louis Ghost Chair）、魔术洞椅（Magic Hole Chair）、卢阅读椅（Lou Read Chair）、厄洛斯旋转椅（Eros Swivel Chair）和WW凳（WW Stool）。

◆贾斯柏·莫里森（Jasper Morrison, 1959—）。当代英国著名工业设计师。从1986年成立工作室直至今天闻名遐迩的贾斯柏·莫里森有限公司（Jasper Morrison Ltd.）。莫里森公司的产品涉及范围十分广泛，从餐具及厨房产品、家具、灯具、卫浴、电子和家电设计，到最近的手表及时钟等。其代表作品包括低垫椅（Low Pad Chair）、巴塞尔椅（Basel Chair）、软木凳（Cork Stool）和空气椅（Air Chair）。

◆科琳娜·沃姆（Corinna Warm）。当代英国著名家具设计师和灯具设计师。沃姆自2002年从伦敦中央圣马丁艺术与设计学院毕业后，一直从事家具与灯具的设计工作，于2007年推出以“沃姆”命名的品牌，作品在伦敦和米兰获得广泛赞誉。代表作品包括金属凳（Metal Stool）和鼓桌（Drum Table），灯具设计代表作品包括格丽斯灯（GLAZE Lamp）和马戏灯（CIRCUS Lamp）。

◆伊冯娜·波特（Yvonne Potter）。当

代英国著名室内设计师和家具设计师，专门从事住宅设计、公寓、餐厅和家具设计，以其国际化、大胆和美妙的室内设计跻身于国际著名设计师行列。波特的成功秘诀包括讲究技术细节、负责项目管理和做出正确的抉择。其家具设计代表作品包括维维安吧台凳（Vivian Bar and Counter Stool）、米林布拉咖啡桌（Meliambro Coffee Table）和多伦多椅（Toronto Chair）。

◆理查德·斯契米德（Richard Schmid, 1934—）。当代世界最杰出的画家和美术教育家。斯契米德的创作题材包罗万象，形成极具个性的艺术风格。通过书籍、文章、讲座、工作室和演讲来传播绘画理念，促进绘画艺术教育。其代表作品包括《海恩斯海滨》（*Haines Waterfront*）、《阿黛尔在我们花园》（*Adele In Our Garden*）、《吉他演奏者》（*Guitarist*）和《北美黑尾鹿》（*Mule Deer*）。

◆史蒂夫·汉克斯（Steve Hanks, 1949—）。当代美国顶级水彩画家，擅长于运用光影的变换来表现人物的情感世界，抓住人与空间最美妙的瞬间。汉克斯获奖无数，是一位当之无愧的伟大写实主义水彩画家。其代表作品包括《沉思一刻》（*A Moment for Reflection*）、《感性魅力》（*Emotional Appeal*）、《雨中等待》（*Waiting in the Rain*）和《昨天和明天的房间》（*Yesterday and Tomorrow Suite*）。

◆亚历克斯·卡茨（Alex Katz, 1927—）。当代美国画家，尝试用自己的方式来表现当代社会，试图传递一种平和而悠远的意境。卡茨从不同的艺术流派中汲取养分，崇尚“自由”的创作理念，其思想对年轻一代艺术家影响深远。代表作品包括《蓝色雨伞》（*Blue Umbrella*）、《红外套》（*Red Coat*）、《红色手套》（*Red Glove*）和《冬景》（*Winter Scene*）。

◆珍妮特·费诗（Janet Fish, 1938—）。当代美国静物画家，作品被众多美术馆和艺术馆收藏。费诗的作品不同于传统的静物绘画，表现出绚丽夺目的光影和色彩。他用充满活力的笔触引导人们透过画面走入画中纯净的世界。代表作品包括《黑色碗红色围巾》（*Black Bowl Red Scarf*）、《黑色托盘与水仙花》（*Black Tray and Daffodils*）、《花环》（*Wreath*）和《桃子和麦秆菊》（*Peaches and Strawflowers*）。

◆ 卡茨的作品

◆ 费诗的作品

◆ 汉克斯的作品

2、建筑特征

（1）布局

当代风格的居住建筑造型简洁，通常由水平和垂直方向的几何立方体组合而成。它沿袭了现代风格的开放式平面布局原则，结合合理的功能分区，呈现出自由开放的建筑平面特征。与传统居住房屋的布局不同，当代房屋的不规则平面布局往往结合室外空间共同考虑，包括游泳池、庭院和露台等。

（2）屋顶

除了偶尔出现的坡屋顶和弧形屋顶之外，清一色的平屋顶是当代风格的特征之一。平屋顶包括两类：①平屋顶内藏于由外墙上升而成的女儿墙；②平屋顶悬挑出外墙形成雨篷。有时候女儿墙的局部顶端安装犹如游轮船舷栏杆一般的金属栏杆。高耸的烟囱作为垂直方向的立方体而与墙体融合。

（3）外墙

当代房屋的外墙大多通体粉刷成白色，有时候为了整体构图，需要材质对比的时候，会结合经过特殊处理的横向木板条或者清水泥墙和砖砌墙。

（4）门窗

和现代风格的概念一样，当代房屋的门窗往往合二为一，并且大多为宽大、明亮玻璃门窗。为了满足当代生活的需求，房屋简洁的大门经常隐藏在不易被发现的侧面或者车道旁边，基本采用贴面复合板材制造。

◆ 外墙

◆ 屋顶

◆ 门窗

3. 室内元素

（1）墙面

当代风格的墙面经常漆成中性色彩，为强烈的重点色充当背景。如果墙面为清淡柔和的色彩，那么装饰线条多半为中性色；如果墙面为明亮、大胆的色彩，那么其余物品可以大量应用中性色彩。大胆的墙面色彩包括紫色、黄绿色、橘色或者紫红色等。

当代风格的墙面没有任何多余、繁琐的装饰，包括华丽的壁纸。因此，典型的当代风格墙面处理尽量保持平整、干净，然后适当点缀现代艺术品。有时候，黑色或者强烈色彩的墙面是为了制造某种特殊的视觉效果，但是需要充足的光线，同时需要谨慎处理与其他色彩之间的协调。

（2）地面

当代风格的地面材料包括光滑的水泥地面、实木地板、复合地板、瓷砖或者乙烯基塑胶。出于保暖需要，有时候也应用浅中性色调或者几何图案的满铺地毯。

（3）顶棚

为了尽量显示顶棚的高度，除了白色粉刷之外，通常不会对顶棚做任何处理。保持洁净、平整的顶棚是当代风格空间的基本特征之一，不过有时候为了整体空间造型而出现凹入式灯槽。除此之外，当代风格还会刻意保留和利用原有房屋的建筑构件或设备，如通风管道和裸露的砖砌墙体等，它们通常不是被漆成醒目的对比色，就是被漆成与墙面相同的颜色。

（4）门窗

当代风格的门窗尺寸通常十分宽大，空气不仅在室内流动，而且室内空间可与室外空间交融。门窗材料包括玻璃、铝合金、玻璃纤维、木材和塑料。

◆ 木门

◆ 玻璃门

（5）楼梯

当代风格的楼梯材料包括金属、玻璃、木材和不锈钢。楼梯造型通常简洁而便捷，均无多余装饰，主要用于连接上、下空间，其本身也经常作为室内空间的重要元素而被设计得像一座现代雕塑。

在无需考虑安全的情况下，楼梯经常不设栏杆，尽量呈现出本身的结构感，特别是那种仅由一根中心梁承载重量的单梁楼梯，以及踏板从墙壁悬挑出来的悬挑楼梯。对于普通的当代风格楼梯来说，栏杆通常采用透明玻璃板或者金属杆件来制造。

(6) 橱柜

当代风格的橱柜基本采用简洁的直线造型，或者直线与曲线结合。因为适合流水线生产，当代风格橱柜成为市场上最常见的橱柜式样。它们大多采用光洁的仿木纹饰面板装饰柜门，以及各种人造石台面。为了保持整洁、光滑的表面，橱柜常用隐藏式拉手；暴露式的拉手往往呈现与抽屉几乎等宽的长条形。

(7) 五金

当代风格的五金大多采用简洁的几何造型，材质包括不锈钢、镀铬、镀镍或者铝合金等。无论何种材质，当代风格都喜欢将五金表面处理成拉丝或者哑光的效果。

(8) 壁炉

壁炉在当代风格的空间当中仍然占据着重要位置，往往被视之为视觉焦点。其造型完全摆脱了传统壁炉的式样，传统的壁炉罩也早已消失，不见踪影；它充分展现出设计师的创造力和想象力，虽然经常出现异形造型，但大多为简洁的长方形；材质包括不锈钢和石材等。出于绿色环保的目的，越来越多的人使用燃气壁炉或者电壁炉来取代传统的燃木壁炉。

(9) 色彩

中性色彩是当代风格的重点色彩，包括淡黄色、白色、棕色、黑色、灰色和灰褐色等。醒目的重点色彩包括红色、黄色等，它们通常出现于重点配饰（如靠枕）上。丰富的自然肌理（如木纹或者石材）经常与中性色彩搭配应用，从而产生舒适与放松的气氛，特别是平静的米黄色与淡黄色搭配。

当代风格经常运用对比色（如黑色与白色的对比），或者是一个不常见的色彩组合（如绿色与深褐色），不过这种对比色的运用应该贯彻始终。黑白对比色常用红色点缀取得平衡。当代风格也会应用一些曾经流行的色彩，例如 20 世纪 70 年代流行的鳄梨绿色与金黄色等。

(10) 图案

当代风格并没有特定的装饰图案，不过偶尔会应用一点传统图案，但不会过度使用。棋格图案和象形文字图案有时候会出现在靠枕和床品之上。大多数情况之下，抽象几何图案是当代风格的标志性图案。

4. 软装要素

（1）家具

结合中性色调的主件与醒目色彩的附件，当代家具坚持“少即是多”的设计理念；这是一种通过强有力的线条来激活极简主义的光滑设计，既朴实又实用。大多数当代家具采用枫木或者桦木等浅色木纹贴面，配合透明或者磨砂玻璃、不锈钢、镀铬和镀镍金属；其面料材质包括羊毛、棉、亚麻、丝和黄麻等；其中性色调包括棕褐色、灰色、黑色与白色，并成为空间的基调色，以此为背景可以让醒目色彩的配饰更为突出。当代风格色调对比的原则往往决定了家具的选择，比如黑色桌子与中性色调背景的对比、中性色调沙发与重点色（如红色靠枕）的对比，以及黑色桌子与白色或者棕褐色沙发和椅子的对比等。

当代家具涵盖了一个广泛的个人风格，它是实用性和艺术表现的结合体。明亮的色彩和大胆的造型是其主要特征。它经常采用独特的角度、形状和颜色，试图与室内空间融为一体。当代家具光滑的表面来自于玻璃和金属，包括干净、笔直的桌子、椅子和床架。光滑的设计理念源自于极简主义，以及现代生活在狭窄空间里需要保持整洁的要求。当代风格的沙发、椅子和搁脚凳均暴露腿部，无裙边、饰边、穗边或者流苏等传统装饰。玻璃桌子既可以减轻份量又能够与金属材质取得协调。

当代家具在于创造时尚而实用的生活用品，所以造成当代家具目标一致的外形和颜色。沙发、椅子和床配置一些单色的软垫和靠枕。一致的设计理念分别应用于不同的房间，例如小边桌出现在每个房间，或者每个房间采用式样和色彩相同的靠枕。

刚劲的线条是当代家具的标志，比如立体几何形块状造型和简洁线形细节的沙发和椅子。当代家具遵循极简美学（Minimalist Aesthetic），因此只在空间里摆放有限的必需品；因为占据空间的家具越少，其力量感和存在感才会越大。同时，家具附加的储物功能和紧凑的尺寸适用于空间有限的当代公寓。

很多当代家具本身就是一件艺术品，椅子的金属框架让人触摸到细节的时代感，配合磨损的皮革产生肌理对比。注塑机的应用，使得当代家具能够制造出设计师创作的任何造型。随着环保意识的提高，当代家具开始大量应用再生材料和无毒面料，如有机棉、麻和再生涤纶织物等。一般来说，诞生地决定了当代家具的特征，如低矮、简洁的日本当代家具与实用、简朴的北欧当代家具。

◆ 扶手椅

◆ 莫里森的软木凳

当代风格的家具发展路程大致分为5个阶段：①盛行于20世纪40—50年代的国际风格（International Style），代表人物为密斯·范·德·罗（Mies vander Rohe, 1886—1969），代表家具包括巴塞罗那椅（Barcelona Chair）、布尔诺椅（Brno Chair）和图根哈特椅（Tugendhat Chair）；②20世纪60—70年代，丹麦现代运动（Danish Modern）带来的丹麦现代家具，家具特点包括有机、流动的造型和天然材料的应用；③20世纪80年代，孟菲斯集团（Memphis Group）创始人艾托瑞·索特萨斯（Ettore Sottsass, 1917—2007）受装饰艺术运动（Art Deco）的启发，创作出一系列丰富多彩并充满活力和幽默感的家具，其标签从最初的“新国际风格”（New International Style）演变成后来著名的“后现代风格”（Post-Modern）；④生态设计（Ecodesign），它是设计师对于当代人类思想和问题的回应，生态设计运动的参与者关注的环保议题包括减少排放、资源消耗和浪费；⑤当代休闲家具（Casual Contemporary），20世纪90年代以来，家具设计从传统的统一性转变为个性化，当代休闲家具成为设计师的首选，其设计灵感来自于丹麦现代家具，以及传统的谢克尔式家具（Shaker Design），特征包括灵活舒适、超大比例和轻松优雅。

◆ 餐椅

◆ 乔治·纳尔逊的椰壳椅

◆ 萨里宁的郁金香椅

◆ 波特的多伦多椅

◆ 休闲椅

◆ 休闲椅

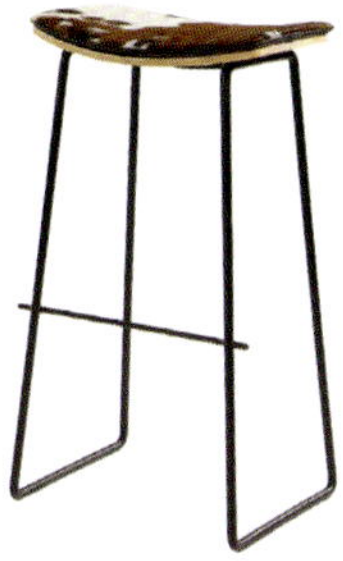

◆ 吧台凳

◆ 沃姆的鼓桌

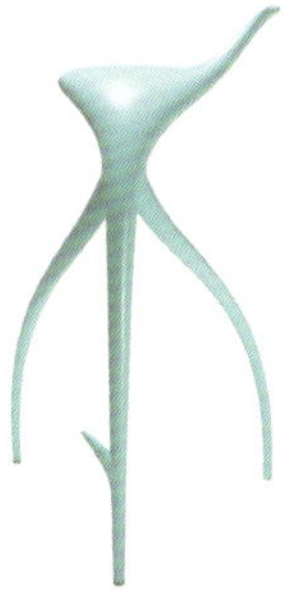

◆ 斯塔克的 WW 凳

◆ 斯塔克的魔术洞椅

◆ 斯塔克的卢阅读椅

◆ 斯塔克的厄洛斯旋转椅

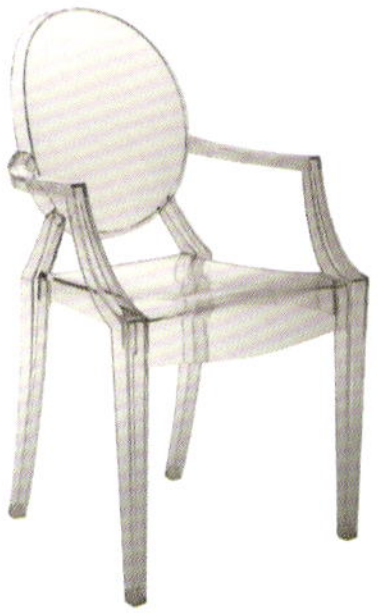

◆ 斯塔克的路易幽灵椅

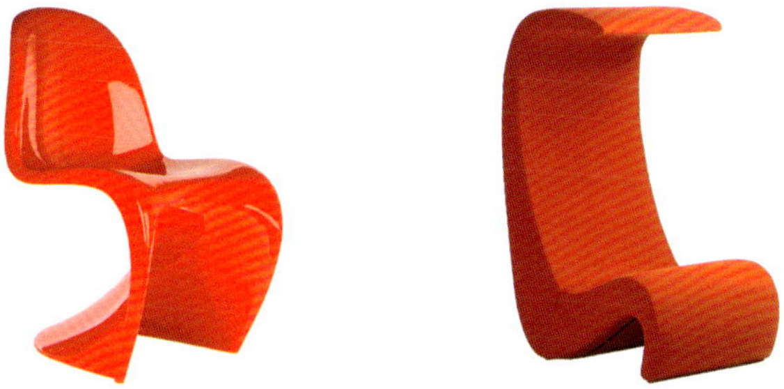

◆ 潘顿 · 威尔纳的休闲椅

◆ 哈里 · 伯托亚的钢网椅

◆ 莫里森的空气椅

◆ 莫里森的低垫椅

◆ 莫里森的巴塞尔椅

◆ 沙发

◆ 沙发

◆ 萨里宁的郁金香桌

◆ 餐桌

◆ 餐桌

◆ 咖啡桌

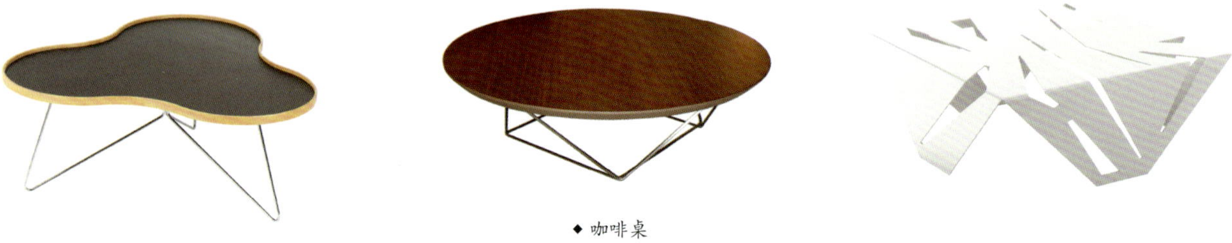

◆ 咖啡桌

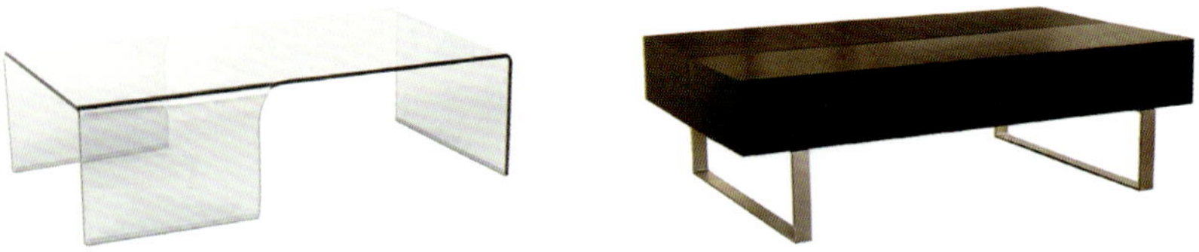

◆ 咖啡桌

◆ 床头柜

◆ 床头柜

◆ 床具

◆ 床具

（2）灯饰

当代风格十分重视重点墙面、重点饰品或者艺术品的照明，因此普遍选择轨道射灯、嵌入式筒灯和落地式台灯。线条简洁的几何造型台灯通常采用不锈钢、镀铬和镀镍金属制作基座和五金。黑色或者金属表面的地台灯和桌台灯大多为直线或圆滑的表面处理。当代风格灯饰还包括隐藏式灯具和吊扇灯。

◆ 桌台灯

◆ 帕维尔·伊科拉的松果吊灯

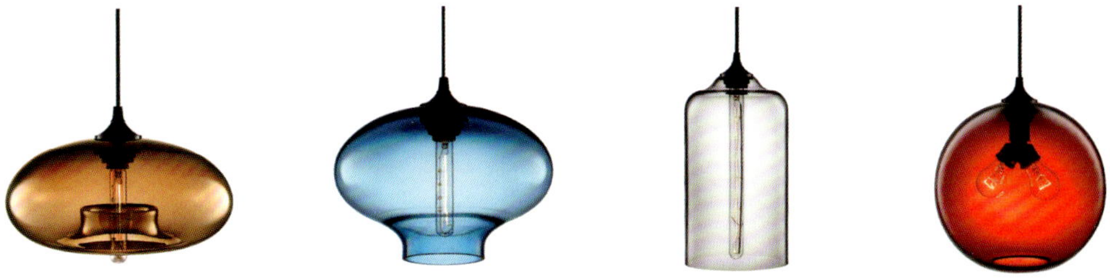

◆ 吊灯

◆ 沃姆的马戏灯

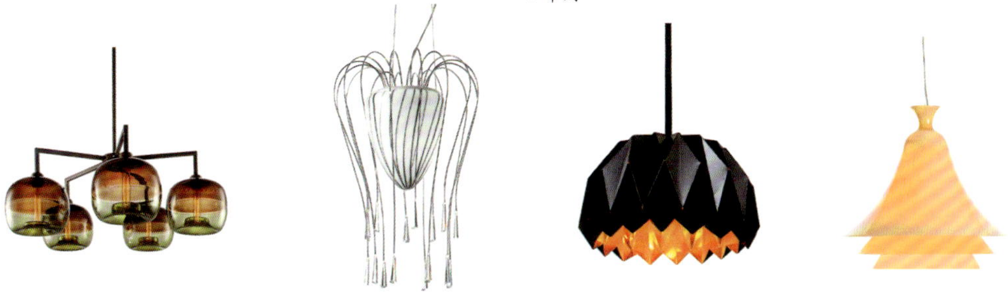

◆ 吊灯

◆ 吊灯

◆ 落地台灯

◆ 落地台灯

（3）窗饰

当代风格特别强调利用建筑元素，因此刻意保留和强化窗户本身的形状和线条，所有传统的窗饰手法在当代风格中均无用武之地。如果隐私是必须要解决的问题，那么卷起的百叶帘和遮阳帘（包括竹帘）是普遍的选择，它不仅可以过滤光线，还能充当自然肌理元素，同时不会减损窗户本身简洁的线条。简单的罗马帘是另一种选择。

对于起居空间来说，当代风格空间尽量选择单色窗帘。面料多用薄纱类人造纺织品；色彩常用浅淡的中性色彩，具体根据与整体色调的协调而定；窗帘杆通常隐藏在嵌入式窗帘盒内。通常情况下，当代风格窗饰很少用束带把窗帘扎起来，而是让窗帘自然垂落形成垂直线条。垂直百叶帘也常用于较大尺寸的窗户，特别适用于客厅或者卧室的落地式窗户。

◆ 窗帘

（4）床饰

被子和床单追求简单、柔软而舒适，大多选用高品质的床品面料。当代风格床饰注重简单色彩的图案和多层叠加，纯白色的床单常常与单色的羽绒被搭配。床饰崇尚绿色环保，床品中摈弃所有皮草或者兽皮。

当代风格的床罩和枕套面料包括丝绸、丝绒、亚麻和羊毛。色泽丰富的丝绒枕套常与白色或者中性色调的床单对比。大多数情况下，当代风格床品选用纯白色面料，偶尔与中性色调的盖毯或者枕头形成对比。

◆ 床品

（5）靠枕

色彩醒目的靠枕往往是当代风格用于激活室内空间和制造和谐平衡关系的关键。高档的靠枕常用鲜艳的单色丝绒面料，普通一些的则更能体现主人个性，包括靠枕套上带有特殊含义的图案或者主题内容等。

◆ 靠枕

（6）地毯

当代风格的黄麻或者化纤地毯不仅应用于客厅，也适用于餐厅。有时候选择色彩强烈的小块地毯是为了在空间里充当重点色。地毯的颜色和图案需要与重点墙面色彩、沙发、饰品、靠枕或者大幅挂画的色彩和图案保持一致。地毯在当代风格的室内空间当中起到维系所有要素的作用。

◆ 地毯

（7）墙饰

当代风格的墙饰包括现代几何抽象绘画或者摄影作品，它们经常与抽象雕塑搭配组合，营造出一种美术馆的氛围。除了现代抽象绘画之外，另一种常见的当代风格墙饰则表现出对大自然的尊重，其主题经常围绕动植物图形或者自然景观来展开，因此墙面的装饰画内容往往与靠枕套图案和花瓶等存在某种关联。与现代绘画不同的是，当代风格的绘画往往带有木质或者金属的画框，并且均采用方形截面的边框。

墙饰的另一个特色则是悬挂在墙面的现代抽象艺术墙雕塑，其材质包括金属、木材，在空间里起到画龙点睛的作用，特别适合于尺度较大的空间。市场上有大量廉价的绘画印刷品供给选择，这也是促进当代风格盛行的原因之一。此外，带边框的黑白摄影作品也常见于当代空间，大镜框偶尔出现在当代空间里用于增加反射面和扩大空间感。

◆ 镜框

◆ 镜框

◆ 装饰画

◆ 装饰画

◆ 黑白摄影

◆ 黑白摄影

◆ 油画

（8）桌饰

当代风格的桌饰遵循“少而精”的原则，并且强调桌饰的艺术性。常见的艺术品包括极富原始视觉冲击力的陶瓷雕塑，以及裸露、大胆并极具现代结构感的金属雕塑等。室内布置造型夸张、尺度超大的饰品常常是为了制造某种视觉焦点。

当代风格桌饰还包括采用木材、玻璃、镀铬和金属制作的现代饰品，但极力避免过度装饰或者极其华丽的饰品。

◆ 托盘

◆ 烛台

◆ 艺术品

（9）花艺

绿叶植物能够使略显金属灰色调的当代空间明亮起来。色泽鲜艳或者淡雅的花卉常作为点缀，并且通常以独枝孤傲的姿态出现，当代风格特别注重其摆放在空间内的位置。当代风格家具与干燥的枯枝和高大的绿叶盆栽搭配能呈现出最佳的视觉效果。空间常用金属材质的花瓶或者花盆，特别是拉丝不锈钢材质的花瓶或花盆。此外，白色或黑色的陶瓷花器也没少见，有时也会用透明玻璃花器，这些均依据空间的整体色彩和材质来确定。花器造型基本以圆柱形或者方柱形为主。

◆ 花艺

◆ 花瓶

◆ 花艺

（10）餐饰

为了保持餐桌的整洁，与整体效果协调一致，当代风格的餐桌一般不会铺桌布和餐垫，餐饰往往简化为仅剩中心饰物，它通常是一只几何造型的玻璃、陶瓷、金属花瓶或者果盘；选择的花卉或水果视其色彩是否与空间内重点色彩协调而定。

非用餐时间，当代风格餐桌上一般不会摆放任何餐具，不过也有人喜欢摆放几只白色的餐盘而无其他配件，包括刀叉。每只餐盘之下放上一个单色餐垫，餐垫与餐盘的色彩选择要视整体效果而定。餐具的选择、布置与现代餐桌的餐饰原则基本一致，均为玻璃、陶瓷和不锈钢材质，并且以单色为主，大部分情况下为白色。

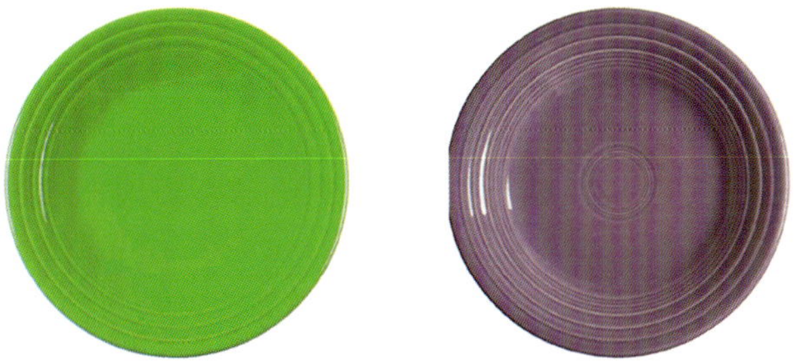

◆ 瓷盘

◆ 水杯

◆ 酒杯

参考文献 | Reference

[1] Stephen Calloway, Elizabeth Cromley. The Elements of Style [M]. New York: Simon & Schuster, 1991.

[2] Sandra and Laurel Seth. Adobe - Homes and Interiors of Taos, Santa Fe and The Southwest [M]. New York: Taylor Trade Publishing, 2012.

[3] David M. Cathers, Alexander Vertikoff. Stickley Style: Arts and Crafts Homes in the Craftsman Tradition [M]. New York: Simon & Schuster Adult Publishing Group, 1999.

[4] Stafford Cliff. English Style and Decoration: A Sourcebook of Original Designs [M]. London: Thames & Hudson, 2008.

[5] Meredith. Great Country French Style [M]. Boston: Houghton Mifflin Harcourt, 2006.

[6] Treena Crochet. Colonial Style [M]. Newtown: The Taunton Press, Inc., 2005.

[7] Rubena Grigg. Antique Style: Thirty-Five Step-by-Step Period Decorating Ideas [M]. Guilford: The Globle Pequot Press, 2003.

[8] Cathering Haig. Mediterranean Style: Relaxed Living Inspired by Strong Colors and Natural Materials [M]. New York: Abbeville Press, 1998.

[9] Kate Hill. Spanish Style [M]. New York: Merrell Publishers, 2009.

[10] Shannon Howard. Southern Rooms II: The Timeless Beauty of the American South [M]. Beverly: Quarry Books, 2005.

[11] Young Mi Kim. Neoclassical [M]. New York: Sterling Publishing, 1998.

[12] Judith Miller. Classic Style [M]. New York: Simon & Schuster, 1998.

[13] Phyllis Richardson. Living Modern: The Sourcebook of Contemporary Interiors [M]. London: Thames & Hudson, 2010.

[14] Leah Rosch. American Farmhouses: Country Style and Design [M]. New York: Simon & Schuster Adult Publishing Group, 2002.

[15] Michael Smith. Michael Smith: Elements of Style [M]. New York: Rizzoli, 2005.

[16] Penny Sparke. The Modern Interior [M]. London: Reaktion Books, Limited, 2007.

[17] Angelika Taschen. Tuscany Style [M]. New York: Taschen America, LLC, 2003.

[18] Henrietta Spencer-Churchill. Georgian Style and Design For Contemporary Living [M]. New York: Rizzoli, 2008.

[19] Elizabeth Wilhide. Bohemian Style [M]. New York: Watson-Guptill Publications, 1999.

[20] Martin M. May. Victorian Decor [M]. Atglen: Schiffer Publishing Ltd, 2001.

[21] Patricia Bayer, Alain-Rene Hardy. Art Deco Interiors: Decoration and Design Classics of the 1920s and 1930s [M]. New York: Thames & Hudson, 1998.

[22] Lisa Lovatt-Smith, Angelika Taschen(Editor). Moroccan Interiors [M]. New York: Taschen America, LLC, 1997.

[23] Rachel Ashwell. Shabby Chic [M]. London: HarperCollins Publishers, 2011.

[24] Rosalind Burdett, Rasalind Burdett. Essential Scandinavian Style [M]. London: Cassell P L C, 1996.

[25] Katherine Sorrell. Retro Home [M]. New York: Merrell Publishers Ltd, 2012.